风云前哨第一站

庆祝泰山气象站建站90周年暨泰山气象文化建设项目巡礼

山东省泰安市气象局　编著

气象出版社
China Meteorological Press

图书在版编目（CIP）数据

风云前哨第一站：庆祝泰山气象站建站90周年暨泰
山气象文化建设项目巡礼 / 山东省泰安市气象局编著
. -- 北京：气象出版社，2022.12
ISBN 978-7-5029-7539-5

Ⅰ．①风… Ⅱ．①山… Ⅲ．①气象站—泰安—画册
Ⅳ．①P411-64

中国版本图书馆CIP数据核字(2021)第173431号

风云前哨第一站

庆祝泰山气象站建站90周年暨泰山气象文化建设项目巡礼
Fengyun Qianshao Diyizhan——
Qingzhu Taishan Qixiangzhan Jianzhan 90 Zhounian
ji Taishan Qixiang Wenhua Jianshe Xiangmu Xunli

山东省泰安市气象局　编著

出版发行：气象出版社

地　　址：北京市海淀区中关村南大街46号　　　　邮政编码：100081

电　　话：010-68407112（总编室）010-68408042（发行部）

网　　址：http://www.qxcbs.com　　　　E-mail：qxcbs@cma.gov.cn

责任编辑：杨泽彬　　　　　　　　　　　　终　　审：吴晓鹏

责任校对：张硕杰　　　　　　　　　　　　责任技编：赵相宁

封面设计：汤庆轩

印　　刷：北京地大彩印有限公司

开　　本：889mm×1149mm 1/16　　　　印　　张：10.25

字　　数：260千字

版　　次：2022年12月第1版　　　　　　印　　次：2022年12月第1次印刷

定　　价：140.00 元

世界文化与自然遗产 泰山

WORLD CULTURAL AND
NATURAL HERITAGE -- MOUNT TAISHAN

金色泰山 摄影：乔云生

巍巍岱宗　钟灵毓秀
泰山气象　风华浸远

摄影：王立山

行将见东岳之上
矗立一具有各种新设
备之气象台也

竺可桢
民国廿四年十一月四日

摘自竺可桢1935年11月4日为《峨眉山泰山国际极年观测报告》所作弁言

泰山气象事业创始人—竺可桢

ZHU KEZHEN, FOUNDER OF TAISHAN METEOROLOGICAL CAUSE

竺可桢（1890.03.07—1974.02.07），又名绍荣，字藕舫，浙江上虞人，中国卓越的科学家和教育家，著名地理学家和气象学家，中国现代地理学和气象学的奠基人。他创建了中国大学中的第一个地学系和国立中央研究院气象研究所，担任13年浙江大学校长，新中国成立后担任中国科学院副院长，是中国科学界、教育界的一面旗帜。

竺可桢是泰山气象事业的创始人。1931年12月3日，在气象研究所第32次所务会议上，竺可桢决定我国参加第二次国际极年观测，并在泰山、峨眉山设立高山测候所。第二次国际极年观测期满后，竺可桢决定峨眉山测候所撤销，泰山测候所保留，并在泰山日观峰新建气象台，使之成为我国第一个永久性高山气象站。

程纯枢（1914.06.01—1997.02.08）

日观峰气象台首任主任,

中国科学院院士, 原中央气象局副局长兼总工程师

未奉训令
即炮火临门
亦不敢擅自行动也

程纯枢
民国廿六年十月二十一日

1994年8月，曾庆存院士（右一）为泰山气象站题词

1994年8月，曾庆存院士登临泰山，看到屹立于日观峰顶的泰山气象站，信步走进，与干部职工亲切交谈。应时任站长刘维银的邀请，欣然留下墨宝。后因年代久远，保存不慎，墨宝不慎丢失。2020年9月，因泰山气象文化建设项目需要，应泰安市气象局之请，曾庆存院士重书了该题词。

泰山气象站留念

朝迎旭日　夜探长空

泰山北斗　天地同功

曾庆存　一九九四年八月

二零二零九月重书

序言一 《《《《《
PREFACE

　　泰山气象站始建于1932年8月1日，是中国第一个永久性高山气象站，由中国现代气象学、地理学的奠基人和一代宗师，卓越的科学家和教育家竺可桢创建，前身为代表中国参加第二次国际极年观测计划而设立的"国立中央研究院泰山测候所"，至今已走过九十年光辉历程。

　　从风雨飘摇的20世纪30年代选址建站到因日军侵略被迫中断；从1953年服务抗美援朝恢复重建到筚路蓝缕、艰苦创业为国民经济和社会发展服务；从乘着改革开放的东风蓬勃发展再到新时代永久不可迁移台站，九十年来，泰山气象站像一名忠诚的卫士，昂首屹立岱顶，观云测天，锻造出了"根植岱顶、观云测天，守护齐鲁、敢当奉献"的泰山气象精神。在这种精神的感召和激励下，一代代泰山气象人艰苦奋斗，继往开来，为国家和人民做出了重要贡献，也造就了一大批业务和管理高水平人才。

　　回顾泰山气象站走过的九十年，是在薪火相传的接力中砥砺奋进的九十年，是在追求卓越的征途中发展壮大的九十年，是持续不懈服务国家、服务人民的九十年。

　　特别是进入中国特色社会主义新时代以来的十年，泰山气象站站类升级为国家基准气候站，机构升格为副处级，中国气象局公布为中国首批百年气象站，省政府公布为山东省首批不可迁移台站，地面气象观测全面自动化运行，泰山新一代天气雷达升级为双偏振，开通百兆宽带网，建成气溶胶质量浓度监测站，安装了酸雨自动观测系统、大气电场仪、雨滴谱仪等现代化设备，实施台站综合改善项目，泰山气象站现代化建设水平和站容站貌发生根本性改变。

　　九十载沧桑砥砺，九十载春华秋实。而今，竺可桢先生"行将见东岳之上矗立一具有各种新设备之气象台也"的夙愿早已再次实现，一座充满活力、高效运转的现代化气象台站将永久矗立东岳泰山之巅。

　　展望未来，泰山气象站全体干部职工要以习近平新时代中国特色社会主义思想为指导，深入学习贯彻党的二十大精神，全面贯彻习近平总书记关于气象工作重要指示精神和对山东工作的重要指示要求，全面贯彻落实《气象高质量发展纲要（2022—2035年）》，弘扬伟大建党精神，发扬和持续升华泰山气象精神，自信自强、守正创新，踔厉奋发、勇毅前行，勇做新时代泰山"挑山工"，为实现泰山气象事业高质量发展，为全面建设社会主义现代化国家、全面推进中华民族伟大复兴而团结奋斗。

山东省气象局党组书记、局长　靳鸿魁

2022年11月11日

序言二 <<<<<<
PREFACE

　　2012年至2022年这十年，恰逢中国特色社会主义进入新时代的十年，也是泰山气象事业飞跃发展的十年。

　　这十年，泰山气象站机构规格升格为副处级，站类升级为国家基准气候站，中国气象局公布为首批中国百年气象站（七十五年认定），山东省政府公布为山东省首批不可迁移台站。

　　这十年，泰山气象站的装备现代化水平得到显著提升。地面气象观测实现全面自动化，取消了人工定时观测和日常守班；泰山新一代雷达升级为双偏振多普勒雷达，大大提高了强对流天气的监测预警能力；建成了酸雨自动观测系统、气溶胶质量浓度观测站，开通百兆宽带网，建成视频会商系统，安装了雨滴谱仪、大气电场仪等特种监测设备。

　　这十年，泰山气象站的基础设施得到根本性改善。中央、省、市多方投入，实施了泰山气象站综合改善、防雷、供暖、供水、供电等基础设施改善项目，极大地改善了站容站貌和职工工作生活条件。

　　这十年，泰山气象文化建设取得了丰硕成果。2012年，隆重举办泰山气象站建站80周年庆祝活动，凝练了"根植岱顶、观云测天，守护齐鲁、敢当奉献"的泰山气象精神，成为2012年推动山东气象事业发展的十件大事之一。实施了泰山气象文化建设项目，展示了泰山深厚的气象文化底蕴，进一步挖掘了"未奉训令，既炮火临门，不敢擅自行动也"的坚守精神，为了国家和集体排忧解难、不怕艰苦、甘于奉献的"挑山"精神等。

　　这十年，泰山气象站党建和文明创建取得丰硕成果。泰山气象站获得全国气象部门先进基层党组织荣誉，获评省级文明单位，涌现出全国气象工作先进工作者赵勇等先进个人，在参加中国南极考察、支援南沙气象观测方面都做出了积极贡献。

　　泰山气象站的十年，是在党的领导下，砥砺奋进、与时俱进的十年，是在各级气象部门和各级党委、政府关心支持下快速发展的十年，是全站干部职工凝心聚力、拼搏奋斗的十年。展望未来，在习近平新时代中国特色社会主义思想指引下，乘着党的二十大胜利召开的东风，站在新的起点再出发，泰山气象站必将百尺竿头更进一步，续写不负国家、不负人民、不负时代的更加辉煌的新篇章！

原山东省气象局党组书记、局长　史玉光

2022年11月11日

摄影：陈善炳

摄影：王德全

风云前哨第一站

庆祝泰山气象站建站90周年暨泰山气象文化建设项目巡礼

生于玉皇顶

BORN IN YUHUANGDING

　　泰山气象站始建于风雨飘摇的20世纪30年代，是我国第一个永久性高山气象站，1932年8月1日，因参加第二次国际极年观测由竺可桢创建，时称"国立中央研究院泰山测候所"。1933年8月31日，第二次国际极年观测任务完成后，竺可桢亲自选址泰山日观峰新建"国立中央研究院气象研究所日观峰气象台"，于1936年1月1日正式启用，至此，泰山气象观测的场所由玉皇顶迁至日观峰。从1932年8月1日开始观测，到1937年12月28日日观峰气象台因日本侵略军侵占被迫中断业务，总计5年零4个月的泰山气象观测时间中，有3年零5个月是在泰山玉皇顶进行的。

鸿蒙初辟—建站 <<<<<<
HONGMENG INITIAL ESTABLISHMENT STATION CONSTRUCTION

选址

1931年12月15日，国立中央研究院函请山东、四川省建设厅转告泰安、峨眉县政府预先在山顶安排适当房屋和场地，泰安县政府将泰山测候所所址选在了泰山玉皇顶的玉皇庙内。

出发

1932年7月6日，气象研究所派测候员黄逢昌先生带领测候生赵恕（即赵树声）和罗月全（即罗素人）携带仪器设备等前往筹建。

山下观测

黄逢昌一行到达泰安城内后，为了使泰山测候所观测记录和山下泰安县测候记录相互比较，黄逢昌将寇乌式水银气压表一件、最高最低温度表各一件、干湿球温度表一件、毛发湿度表一件和风向器一件一并交付该县使用，要求该县建设局按规定进行简易观测，按月将记录函寄气象研究所。

登山

7月9日，黄逢昌、赵恕、罗月全一行到达玉皇顶，开始了为期20余天的仪器安装调试。

建站

泰山测候所配备的仪器和设备比较齐全，包括寇乌式水银气压表、最高最低温度表、干湿球温度表、毛发湿度表、风向器、手提风速表、雨量筒、蓖形测云器，以及气压计、温度计、湿度计、里查风向风速计和雪量计等各种自记仪器。百叶箱和雪量计安装在玉皇顶道观大门外平台上。

测候所中备有轻便直流无线电收音机一台，用以校正时间。其他日用物品除向庙保借用外，大部由气象研究所自行购置。

玉皇顶道观大门及无字碑

玉皇顶道观内泰山极顶石

玉皇顶全貌

建站人员 «««««
STATION BUILDING PERSONNEL

1932年7月6日，国立中央研究院气象研究所测候员黄逢昌奉命带领测候生赵恕、罗月全前往泰山建立泰山测候所，于7月9日抵达泰山顶，历经20余天艰苦细致的仪器安装调试，在正式观测的前一天（7月31日）方离开泰山返回气象研究所。

建站负责人——黄逢昌

黄逢昌，安徽合肥人，曾留学美国加州理工大学，国立中央研究院气象研究所早期测候员兼仪器管理员（测候员相当于现在的研究员职称），是气象研究所早期骨干人员之一，后为北京航空航天大学建校初期27名教授之一。据气象研究所大事记："1934年5月，本所测候员兼仪器管理员黄逢昌携带校正仪器遍历华北和各测候所，视察、校正仪器、指导观测。绕道长江上游而归。"

图为1932年7月9日，黄逢昌（左）、赵恕（右）
向泰山顶运送仪器时在云步桥留影

建站参加人暨首任测候生——赵恕、罗月全

赵恕(赵树声)

泰山测候所首任测候生
在泰山工作时间1932.07.09—1933.08.31
贵州省气象局正研级高工
贵州师范大学地理系兼职教授

1913—2009.03.12，浙江乐清人，国立中央研究院第二届气象练习班学员，泰山测候所首任测候生。1941—1946年先后任国民政府空军气象台台长、空军司令部气象处统计科科长、航委会气象总队第五气象大队大队长，1949年12月参加昆明起义，1952年调贵州省气象局工作，曾任全国科协"二大"代表、中国气象学会理事、贵州省气象学会理事长、贵州省政协委员、贵州师范大学地理系兼职教授。

罗月全(罗素人)

泰山测候所首任测候生
在泰山工作时间1932.07.09—1934.05.10
中央气象局人事处教育科科长
湛江气象学校教务科科长

1908.04—1995.07，四川汉源人，国立中央研究院第二届气象练习班学员，泰山测候所首任测候生，曾任康定测候所主任、重庆气象台台长。1944年秋，与其兄自筹自建富林测候所，新中国成立后，主动把富林测候所（今汉源县气象站）献给国家。1954年调中央气象局人事处教育科任科长，1960年调湛江气象学校任教务科科长。

首开记录 «««««
1932年8月1日正式观测
IT WAS OFFICIALLY OBSERVED ON AUGUST 1, 1932

经纬度和海拔高度

泰山测候所设在泰山玉皇顶道观内，约位于北纬36°16′，东经117°12′，百叶箱海拔高度约为1534米，于1932年8月1日开始正式观测。

观测人员和时次

泰山测候所虽然长期只有两名测候人员，但仍按头等测候所规定的规格执行任务。每天由两人分值六时至二十一时（东经120°标准时，即现在的北京时）共十六个时次的逐时观测，二十二时至次日五时共八个时次的压、温、湿、风和降水的逐时记录，则得自订正后的自记资料。

观测项目

观测项目有气压、气温、湿度、风向、风速、云（状、量等）、能见度、降水、天气现象、光现象、雨滴直径、雪的形状、云海等。1935年后又增加日照及紫外线等观测。

玉皇顶道观门前西侧的测风杆（照片左侧杆状物）

1932年 08月01日　泰山测候所诞生
天气：阴天、雨、雾
气温：19.3℃

"国立中央研究院泰山测候所"印鉴

图为测候生赵恕在玉皇顶道观大门前百叶箱旁留影，百叶箱左后方为无字碑

测候生在无字碑顶部进行日照观测

硕果累累 〈〈〈〈〈〈
FRUITFUL

《峨眉山泰山国际极年观测报告》专集出版
竺可桢为报告作弁言

1932年8月31日，第二次国际极年观测任务结束后，国立中央研究院气象研究所编成《峨眉山泰山国际极年观测报告》专集，于1935年11月出版。

峨眉山泰山國際極年觀測報告

弁 言

氣象學之發達，全賴國際之合作。大氣運行，本非如水之囿於江湖河海，長風吹拂，一日數千里，低不限于國界，抑且上下自如。是以兩極之氣流，數晝夜即可奔馳而達赤道。世界各地測候所多已星羅棋布，惟南北極圈內以及高山之巔，尚付缺如，識者引為遺恨。光緒元年奧國海軍大佐韋白雪 Karl Weyprecht 提議世界各國聯合探測南北兩極之氣候，至光緒八年乃有第一次國際極年觀測之組織，參與者凡十二國。近頃世人對于寒帶天氣之能多知梗概者，實受該年度觀測之賜也。迨民國十八年國際氣象學會聚會于丹麥京城哥本海根，到會者有三十四國之代表，以民國二十一年適值第一極年五十週紀念之期，乃一致決定自二十一年八月至二十二年八月為第二次國際極年。屆時凡濱南北冰洋之各國或其屬地，均須加設測候所，即位溫帶各國亦須添設高山或高空測候站，並推丹麥氣象局局長賴谷 La Cour 先生為極年委員會會長，敦促各國氣象機關分頭組織。民國二十年春，氣象研究所得賴谷先生公函，邀請我國參加第二次極年觀測，並謂瑞典地理學家斯文海丁氏所組織之西北科學考查團，於該年度將在新疆蒙古繼續作高空之氣候觀測，氣象研究所以事關國家榮譽，義不容辭，遂決計於極年度內在山東泰山及四川峨眉山各設測候所。當時以經費支絀，幸得中華教育文化基金會補助費美金八千元，兩所始得依期成立。飲水思源，則茲編之得以問世，未始非受基金會之賜也。

我國水準測量尚未能普及各省，泰山玉皇頂峨眉山千佛頂拔海高度，均未確知。坊間所售圖上以及英德各國所出版之圖籍，對于泰山峨眉山之高度雖有紀載，但均依遊覽者以空盒氣壓表或沸點高度計所測得。氣壓早晚冬夏之變遷極大，故遊覽者在數小時或數日間所測得之高度，殊難憑信。茲依極年內十三個月間，以水銀氣壓表所測得之平均氣壓溫度濕度以與濟南重慶同時期內所得之數相較，求得玉皇頂之高度為一千五百四十一公尺，千佛頂之高度為三千零九三公尺。

本編各表之按排，均依照極年委員會所規定。在極年度內峨眉山觀測，由初報轟龔亞光暨遂理三君主持之，泰山觀測則由趙樹森羅月全兩君分任其事。極年觀測告竣而後，峨眉山以天氣過于溫潤，鮮見陽光，兼之冬季交通不便，故測候所即行撤消。泰山測候所則迄今尚在繼續進行，近在日觀峯新築氣象台，於二十四年度內可望落成。由基金會資助而購得之日光輻射儀，紫外光儀，電傳風力計等，亦將安裝於新台中，行將見東嶽之上崛立一具有各種新設備之氣象台也。

中華民國二十四年十一月四日 竺可楨

竺可桢为报告所作弁言

涂长望：执笔峨眉与泰山国际极年观测概论
陈学溶：撰写国际极年泰山气象观测回顾文章

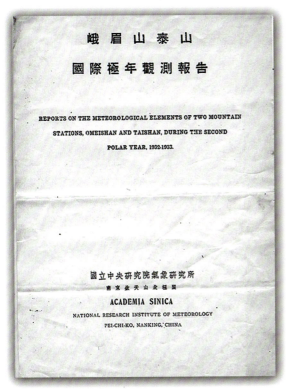

《峨眉山泰山国际极年观测报告》封面

1938年4月16日，涂长望（右一）陪同竺可桢（左二）等在
重庆珊瑚坝机场。左起：胡焕庸、竺可桢、吕炯、程忆帆、涂长望
（照片来源于竺可桢全集. 第2卷/竺可桢著. —上海科技教育出版社2004.12）

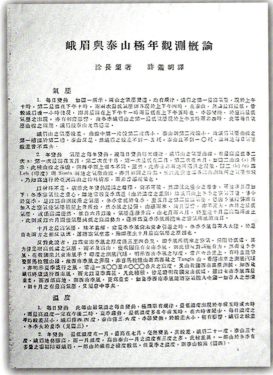

涂长望执笔的《峨眉与泰山极年观测概论》

陈学溶撰写的《国际极年泰山气象观测回顾》
刊登在《中国气象报》1994年9月15日第337期
（中国气象报社提供）

508

致罗月全函稿 〔业务指导〕❶

（1932 年 11 月 21 日）

月全同学足下：

　　来书慰悉。承询各节，分复如下：

　　一、山上纪云之法颇难，观测簿中既未分云为山顶以上与山顶以下两项，只可作一例看待，云在山顶可记作雾，惟山顶以下之云形，颇难捉摸耳。

　　二、观测时间，但取火车吹气或到站时间为准则或难准确，火车脱班即失效用，究竟火车行动时刻是否一定抑常脱班，望即查复。

　　三、湿度纪录之办法，详见前函。

　　四、黎明与黄昏之能见度不可靠，可勿纪录。

　　五、最低寒暑表已向英国购买，下月可到，俟运京即送奉应用。此颂

大安

竺可桢　复

编者注

❶ 据中国第二历史档案馆藏件〔393—2786〕入编。原函标题为"复罗月全"，题下署"十一月二十一日"。罗月全（素人），时任气象研究所泰山测候所测候生。

摘自竺可桢全集. 第22卷/竺可桢著. —上海：上海科技教育出版社，2012.12

风云玉皇顶(1932—1935) <<<<<<

FENGYUN JADE EMPEROR SUMMIT(1932—1935)
恶劣天气下的气象观测

1. "夜三时四十分,泰山大风推倒百叶箱,损毁温度自记仪等。"

——摘自1935年3月11日气象研究所大事记

2. "泰山测候所报告12日大风折风向标。"

——摘自1935年5月15日气象研究所大事记

3. 在寒冷季节,电传风向风速计的头部易为雾凇所冻结,须冒着烈风和严寒攀上十多米高的铁塔去修理,有时风杯由于冻结不能转动为狂风吹落,还得到玉皇顶后乱石中设法找回。

——摘自陈学溶《国际极年泰山气象观测回顾(下)》1994年9月19日《中国气象报》

4. 盛夏季节常雷电绕室,赵树声曾被震到半身麻痹,逾时不复。

——摘自陈学溶《国际极年泰山气象观测回顾(下)》1994年9月19日《中国气象报》

20世纪30年代玉皇顶老照片,照片左侧树立杆状物可能为测风设施

风云玉皇顶(1932—1935) <<<<<<

FENGYUN JADE EMPEROR SUMMIT(1932—1935)

烧干牛粪取暖、夏日生火驱湿

1. "泰山测候所创办时期，……只靠干牛粪火炉取暖，……山顶封冻后，吃的是预购的馒头和冻白菜，生活是相当艰苦的。"

——摘自1984年2月2日赵恕信函

2. "冬半年皆用牛粪火炉取暖，仍常滴水成冰。"

——陈学溶

3. "每年6、7月份，雾日频仍，衣被易霉，不得不生火驱湿。"

——陈学溶

长期只有两人、每年只下山两三次

1. "所中只有两人，逐时观测不能间断，很难下山办事，理发洗澡都不方便。"

——陈学溶

2. "我在山顶两年，只去过泰安四五次，而且是当天赶回来的。"

——陈学溶

3. "平时只能和老道交往，冬季大雪封山，寂寞更甚。"

——陈学溶

4. "所有主副食和调料及日常生活用品（如煤油等），皆由工友（勤务员）韩继盛每隔一周至十天到泰安去采购一次，报章杂志和来往函件，皆是韩到泰安时便中去领取和办理，所以讯息很不灵通。"

——陈学溶

注：陈学溶记述摘自1994年9月19日《中国气象报》刊登的陈学溶撰写的《国际极年泰山气象观测回顾》

图为首任测候生赵恕（曾用名赵树声，中）、罗月全（曾用名罗素人，右一）和工友韩继盛（左一）在玉皇顶道观内泰山极顶石留影

首任测候生赵恕在玉皇顶门前台阶上（摄于1932年左右）

兵匪抢劫玉皇顶测候所
SOLDIERS AND BANDITS ROB YUHUANGDING WEATHER STATION

　　"1934年上半年的一天晚上，我俩（罗月全、金家棣）正伏案等候最后一次观测，忽然闯入两个匪兵，各持手枪对准我们，命令交出武器。当发现并没有什么可取之物后，竟用菜刀砍坏气压表、气压计。事后我们只好回到泰安县，将情况向南京汇报，静候南京补充仪器。"
　　　　　　——摘自罗月全《解放前我的气象工作回忆》

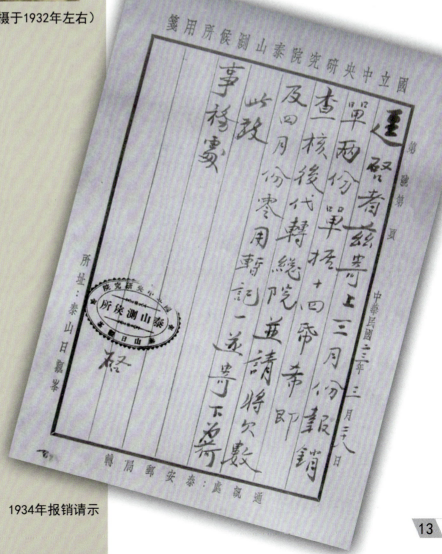

1934年报销请示

13

风云玉皇顶(1932—1935) <<<<<<

FENGYUN JADE EMPEROR SUMMIT(1932—1935)

首任测候生赵恕回忆泰山测候所建立时情况

DOI:10.14040/j.cnki.52-1004/k.1989.02.017

·101·

气象史实片断

赵 恕

一 泰山测候所

1932年春，中央研究院气象研究所为参加第三届国际报年活动，在山东泰山和四川峨嵋山筹建两处高山测候所。派往泰山负责筹建工作的是笔者和罗月全。

泰山测候所初建时，以泰山最高峰玉皇顶道观大门外台地作为观测场，安装百叶箱、测风杆及其他室外仪器。配备的气象仪器有冠鸟式水银气压表、干湿球及最高最低温度表、气压计、温度计、毛发湿度计、雨（雪）量计、聚焦式日照计、电接风向风速计、备用手提风向风速表和梳状测云器等。还有一部校对时间用的小型直流收音机。

1932年8月1日，泰山测候所按国际报年活动统一规定的时间开始工作，每小时进行气象观测一次。观测项目包括压、温、湿、风、云、降水量、日照、能见度、天气现象等。泰山测候所海拔高度为1541.5米。观测纪录和统计报表，每月整理一份，寄给南京气象研究所。每当寒潮到来，八级以上大风挟着乱云从后石坞峡谷冲上山来，咆哮奔腾，我们的电接风速计经常就在这时出现故障，只好改用手提风向风速计进行观测。为了保持夜间纪录完整，还要冒着刺骨寒风，爬上测风杆把风速计修理好。整个隆冬季节，风雪封山。当时工作条件和生活条件是相当艰苦的。为了祖国开创性的气象事业和提高我国气象事业在当时国际上的声誉，我们充分意识到自己工作的意义。

1933年7月以后，国际报年高山测候任务期满。经气象研究所决定，峨嵋山测候所因交通不便撤销，泰山测候所则建为永久性的高山气象台。笔者于当年11月因工作调动离开了泰山。1933年冬竺可桢所长亲往泰山视察。1934年2月，气象研究所与山东省建设厅、津浦铁路局等再度会勘，决定在泰山日观峰建筑泰山气象台。1935年4月1日破土动工，6月26日奠基。蔡元培题碑以资纪念。1935年底，完成主体工程。门首有邵元冲书写的"日观峰气象台"六个大字。

1936年6月，日观峰气象台工程全部完竣。是年秋，气象研究所委派程纯枢任该台主任。1937年抗日战争爆发，当年12月下旬日军迫近泰安，形势危急，气象台工作人员被迫撤离，日观峰气象台工作到此结束。解放以后，人民政府于1953年秋在日观峰气象台旧址重建了泰山气象站。

二 北平清华大学气象台

北平清华大学气象台建于1931年，位于该校体育馆西面一个小土山上，大门口有篆体"气象台"三字，系翁文灏手笔。安装的设备有地震仪及无线电收报机、福丁式水银气压表及电传显微水银气压计，制氢室里安装达因风向风速计，台顶安装测风杆和聚焦式日照计，并为施放测风气球之处。在台西南方约30米处，有约400平方米见方的草地观测场，安装百叶箱、雨量计及测云器等。1932年7月间，气象研究所从德国、瑞典联合组织"西北科学考查团"

赵恕《气象史实片段》刊登于《贵州文史丛刊》1989年02期

风云玉皇顶(1932—1935) ‹‹‹‹‹‹
FENGYUN JADE EMPEROR SUMMIT(1932—1935)
首任测候生罗月全回忆泰山测候所建立时情况

解放前我的气象工作回忆

我是三十年代初参加气象工作的,可算是气象战线上的一个老兵。因为不少同志向我了解解放前气象工作的一些情况,所以我就写了下面的文章。

一、泰山测候所的建立

1930年中央研究院气象研究所所长竺可桢先生应世界气象组织邀请,同意参加1932——1933年世界气象观测研究工作,并决定在泰山、峨嵋山建立测候所,搜集气象观测资料。1931年2月便在南京正式招生培训建所人员,我是偶然去报考的。当时招生颇为严格,由竺先生亲自监督,密封评卷。学习时间为一年,共毕业27人(应为录取27人,毕业者19人,另外有不负分配责任的保送毕业生3人。陈学溶注)。那时正值日寇侵华,"九·一八"事件发生不久,又是淞沪战争,南京受威胁,国民党政府且有迁都洛阳之议。因此,我们毕业后未能及时分配,1932年初仅少数人留在所内学习,其余的都各走东西。6月,由黄老师(注1)带领我和赵树声(赵恕)两人去泰山建所。

事前,中央研究院气象研究所已与山东省政府联系好,并取得泰安县府和泰山庙主持道士的同意,因此我们到庙后工作非常顺利。测候所具体地点设在泰山最高峰玉皇顶庙。主持道士让出玉皇庙东厢房屋三间,中屋办公、南屋作气压室,北屋为寝室。室外仪器安装在大门外台阶上,泰始皇的无字碑就在台阶下层。安装就绪,7月份正式作观测记录,除地面观测项目外,还增加了高山雨滴直径、雪片形状、云海、光象项目。1933年赵树声调清华大学气象台后,由金加棣接替。

泰山是著名的旅游胜地,游人颇多。同时亦有匪徒出没。1934年上半年的一天晚上,我俩正伏案等候最后一次观测,忽然闯入两个匪兵,各持手枪对准我们,命令交出武器。当发现并没有什么可取之物后,竟用菜刀砍坏气压表、气压计。事后我们只好回到泰安县,将情况向南京汇报,静候南京补充仪器。同年暑假,气研所同意我休假,我便离开泰山回南京。一个月后,调北平气象台工作,谁接我的班已记不清楚。一年后,听说气研所已在泰山日观峰自建基地。

二、北平气象台工作时期

北平气象台是1929年成立的。地址在原北平东城泡子河建国门内。原是清代钦天监,俗称天文台,民国初改为观象台。城楼上有明朝铜制天文仪器可供游人参观,1929年改名天文陈列馆,与北平气象台同属一个机构。

1934年我到气象台工作,负责高空测风,每天向民航站报告测风记录。地面气象观测由殷来朝、金廷秀(池国英)两位同学负责。这一时期,涂长望在清华大学任教,也

罗月全《解放前我的气象工作回忆》

矗立日观峰
STAND RI GUAN FENG
时为东亚唯一高山气象台
1937年因日军侵占而中断

　　1933年12月10日，竺可桢亲往泰山，与国民政府山东省政府建设厅代表刘增冕共同勘址，确定日观峰为建台地点。新气象台于1936年1月1日正式启用，时称"国立中央研究院气象研究所日观峰气象台"。以程纯枢先生为代表的20世纪30年代泰山气象人，以"未奉训令，即炮火临门，亦不敢擅自行动也"的责任精神，从玉皇顶到日观峰，为国家和人民积累了五年零四个月宝贵的高山气象观测资料，并为抗击日寇提供了大量的航空气象观测资料。1937年12月28日，日观峰气象台因日本侵略军侵占被迫中断业务。

竺可桢决定在泰山建设永久性高山气象台 <<<<<<
ZHU KEZHEN DECIDED TO BUILD A PERMANENT ALPINE METEOROLOGICAL OBSERVATORY IN MOUNT TAISHAN

1933年8月31日第二次国际极年观测期满后，"峨眉山以天气过于湿润，鲜见阳光，兼之冬季交通不便，故测候所即行撤销。泰山测候所则迄今尚继续进行，近日在日观峰新筑气象台于二十四年度内可望落成。"（摘自竺可桢为《峨眉山泰山国际极年观测报告》所作弁言）

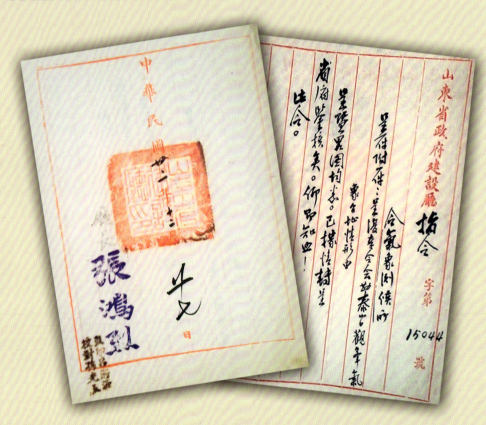

1933年12月，国民政府山东省政府建设厅厅长张鸿烈签发会勘站址指令。

国民政府山东省政府指拨站址公函

竺可桢亲勘站址 ‹‹‹‹‹‹‹

ZHU KEZHEN PERSONALLY SURVEYED THE SITE OF THE STATION

　　1933年12月10日，竺可桢亲往泰山与国民政府山东省政府建设厅代表刘增冕（时任省建设厅气象测候所所长）会勘站址。1934年6月，国民政府山东省政府发函同意指拨日观峰峰顶全部为建台基址。

1933年12月10日，竺可桢与国民政府山东省政府建设厅代表、
省建设厅气象测候所所长刘增冕共赴泰山会勘站址。
图为20世纪30年代日观峰顶原貌
（照片来源于泰山管委，非竺可桢会勘站址原照）

蠡立日观峰 <<<<<<

STANDING ON THE RIGUAN PEAK

"行将见东岳之上蠡立一具有各种新设备之气象台也"

——竺可桢

　　经过勘址、设计、招标等艰苦细致严格的程序，1935年4月1日，日观峰气象台开工建设。该台由中国近代建筑教育奠基人刘福泰设计，济南景记建筑工厂承建，历时9个月完成主体建筑，1936年1月1日启用。再经6个月，完成围墙、日照台等附属工程建设，于1936年6月全部竣工，总建筑费用三万余元。竺可桢先生"行将见东岳之上蠡立一具有各种新设备之气象台也"的愿望得以圆满实现。

　　该台由蔡元培先生亲笔题写奠基纪念碑，邵元冲先生题写台名。时年的《气象杂志》称其为"亚洲地势最高、设备最齐全""时为东亚唯一高山气象台"，代表了当时我国高山气象观测的最高水平。

1935年6月6日，竺可桢、刘福泰视察正在建设中的日观峰气象台

泰山测候所印鉴

日观峰气象台印鉴

氣象研究所泰山日觀峯
氣象臺全部落成

中央研究院氣象研究所於民國二十一年在

山東泰山玉皇頂設立測候所藉以觀測高空氣象

情形當時暫假玉皇殿以為慶置儀器及工作場所

惟以舊式之房屋對於研究方面頗多不便逐於去

年四月在山頂開始建築新臺以天氣及高度關係

經一年零二月之光陰始克造成日前該所專任研

究員呂炯先生偕同該臺設計工程師劉福泰先生

前往勘驗接收按該臺四圍牆壁均用花崗岩砌成

厚約二尺計堪禦山頂強風全部建築費共三萬餘

元該臺高出海平面五千零五十九英尺實為東亞

唯一高山氣象臺云

1936年6月，日观峰气象台附属日照台、围墙等工程全部竣工，并通过气象研究所的验收。
图为当时媒体关于日观峰气象台落成的报道

行將落成之泰山日觀峯高山氣象臺
竺藕舫先生攝

The mountain observatory at
the top of Taishan, Shantung
in building.

1935年6月6日，竺可桢拍摄的行将落成的日观峰气象台

日观峰气象台 蔡元沖题

中華民國廿四年六月廿六日
國立中央研究院日觀峰
氣象台奠基
蔡元培謹記

蔡元培题写的奠基纪念碑

（1868.01.11—1940.03.05）

蔡元培–日观峰气象台奠基纪念碑题写者

浙江绍兴山阴人，教育家、革命家、政治家，民主进步人士，国民党中央执委、国民政府委员兼监察院院长，中华民国首任教育总长。1916年至1927年任北京大学校长。1920年至1930年，兼任中法大学校长。1928年至1940年任国立中央研究院院长。1935年4月，应竺可桢之邀，蔡元培为日观峰气象台题写奠基纪念碑。

（1890—1936.12）

邵元冲–日观峰气象台台名题写者

浙江绍兴人，与邵力子并称"二邵"。1924年任孙中山大元帅行营机要主任秘书，为孙中山逝世遗嘱见证人之一。曾任国民党中央执行委员、政治会议委员、宣传委员会主任委员及立法院副院长、代院长等职务。1936年赴西安向蒋介石汇报工作，恰逢西安事变，被士兵枪击死于西安，时年46岁。邵元冲在泰山云步桥西侧有题字"籋（niè）云天衢"。

（1893—1952.11）

刘福泰–日观峰气象台设计者

广东宝安人，中国近代建筑教育奠基人和先驱，中国近现代第一代优秀建筑师之一，主持中央大学、北方交通大学等多所大学建筑工程系。参与南京中山陵设计，获广州中山纪念堂纪念碑国际设计竞赛名誉第一奖。创建建筑设计事务所两所，主创或参与日观峰气象台、浙江定海气象台、湖北武汉气象台、重庆北碚气象台造园等工程设计或施工。

竺可桢请冯玉祥保护日观峰气象台 ‹‹‹‹‹‹

ZHU KEZHEN REQUESTS FENG YUXIANG TO PROTECT THE RIGUANFENG METEOROLOGICAL STATION

日观峰气象台建成之初，屡受军士和游山者借宿、参观等骚扰，有时竟欲动武。为防止骚扰，竺可桢安排气象研究所与国民政府训练总监、军政部、参谋本部等联系，请求保护。同时，托正中书局薛良叔便中向曾经隐居泰山的冯玉祥进言，邀其部下参观日观峰气象台，希望以此减少军士等对气象台的骚扰。

图为1936年4月8日，竺可桢托薛良叔请冯玉祥保护日观峰气象台的日记摘录

（摘自《竺可桢全集. 第6卷/竺可桢著—上海：上海科技教育出版社，2005.12》）

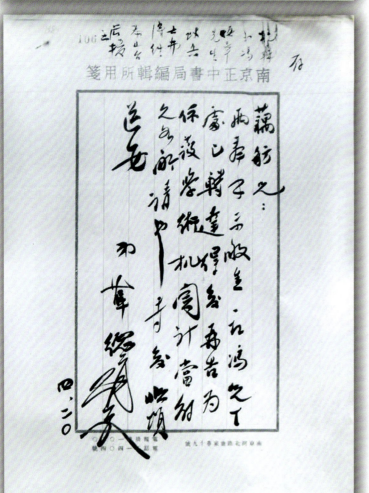

图为1936年4月20日，薛良叔（字华德）就请冯玉祥（字焕章）保护日观峰气象台一事办理情况给竺可桢（字藕舫）的复函。复函内容为"藕舫兄：两奉书示，敬悉一切。冯先生处已转达，得复再告。为保护学术机关计，当□之如所请也。专复，此颂近安。弟华德顿首。"

竺可桢在信函顶部标注为"□□□冯焕章先生议兵士弗得往泰山台处　桢"

冯玉祥两次隐居泰山，时间分别为1932年3月到10月和1933年8月到1935年10月。图为冯玉祥隐居泰安时的居所

禁止骚扰令 <<<<<<
NO HARASSMENT ORDER

1936年4月，国民政府军政部部长何应钦、山东省政府主席韩复榘签署布告，严禁军民人等入内。

竺可桢关于应对骚扰有关措施的批示以及国民政府参谋本部总务厅给气象研究所的复函

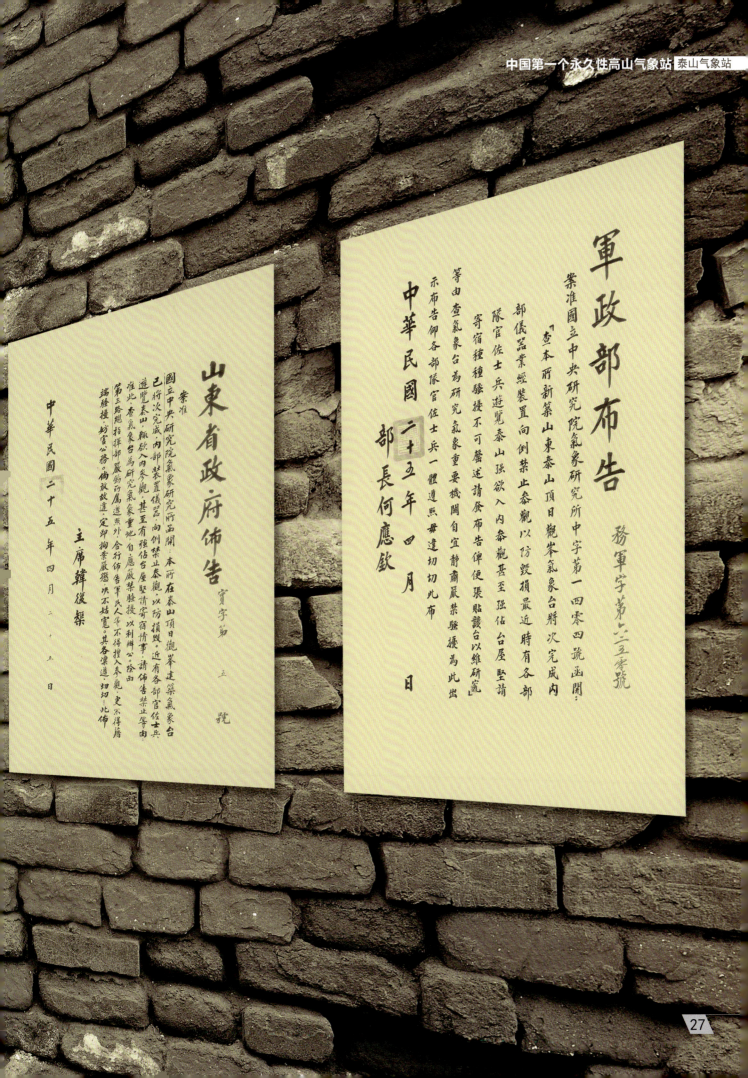

观测仪器及信息传输 <<<<<<
OBSERVATION INSTRUMENT AND INFORMATION TRANSMISSION

日观峰气象台建成之初，除了安装温度表、湿度表、风向风速仪、气压计、雨量计等常规气象观测仪器外，还安装了日光辐射仪、紫外光仪、热力风速仪、直通山下的长途电话、发报机等各种先进设备，开展了雨滴直径、雪的形状、云海、太阳辐射、紫外线等观测项目，成为新设备较多、观测项目较为齐全的高山气象台站。

安装了直通山下的长途电话

直通山下长途电话使用报告

开通了直通天津的电报挂号

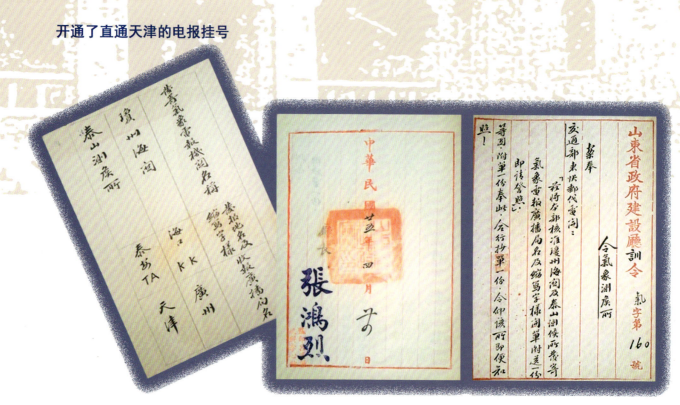

1936年4月24日，国民政府交通部批准泰山测候所电报挂号为"泰安TA"，收报广播局名为"天津"

**安装了西班牙产热力风速仪、
法国产日光辐射仪和瑞士产紫外线仪**

百叶箱

日照台

测风塔和雪量计

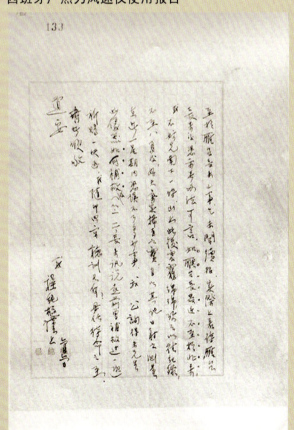

西班牙产热力风速仪使用报告

法国产日光辐射仪和瑞士产紫外线仪使用报告

科研 〈〈〈〈〈〈〈
SCIENTIFIC RESEARCH

1935年，竺可桢在《地理学报》发表"泰山与峨眉山之高度"（地理学报，1935，第2卷，第4期）

泰山與峨眉山之高度

竺可楨

我國各省多未經精密之水準測量，參謀本部製五萬分一圖及十萬分一圖中所標誌之高度，殊難憑信。近頃坊間所印行地圖上山峯之高度，多依據空盒氣壓表所測定，各圖互有出入，使人莫知適從。近有友人自安徽黃山來者，謂實測得天都峯之高度爲五千六百餘英尺，未數日讀另一友人所寄來之黃山游記，則天都峯之高度突變而爲七千一百英尺矣。創名於游歷考察之地理學家與地質學家，此等參差亦所不免。民國十八年夏北平地質調查所趙亞曾君與廣州中山大學地質教授漢謨 Arnold Heim 君先後至峨眉山。趙君以沸點高度計量得峨眉山巓之高度爲二千七百三十餘公尺（註一），而漢謨以空盒氣壓表測得爲三千二百公尺。（註二）以三千公尺左右之高山而二人所測得之數，乃至相差四百七十公尺之巨，若非二君之觀測有重大謬誤，則必二君所攜之儀器，未經精確之訂正矣。沸點高度表與空盒氣壓表，曾不失爲測量高度者之利器，苟用得其當，則三千公尺之高山，以空盒氣壓表測得者，其差誤至多不應超出四十公尺以上。（註三）以沸點高度表所測定者，其差誤當更小，（註四）但普通施用此項儀器者，出發以前既未加以校訂，臨時測量又未盡合法，測定之數又未糾正，則其測得數誤謬之大亦意中事耳。

欲知空盒氣壓表與沸點高度表所測定高度差誤之來源，則吾人不能不略述以氣壓測定高度之原

泰山與峨眉山之高度

一

扫码观看竺可桢论文

气象学报
第27卷 第3期 1956年9月

泰山日观峯日射观測結果的分析*

程 純 樞

（中央气象科学研究所）

日射观測的资料在基本建設、農業、生物科学和医学衛生工作方面都有应用，現在已經开始接觸到对这类观測資料的需要。但是日射观測工作，我国以往做得很少，而且有些紀錄也没有加以整理。1937年山东泰安泰山日观峯气象台曾進行过约一年的日射观測工作。现在將这些观測的結果加以整理，并凡做了一些分析。

日观峯的地理位置是北緯 36°16′，东經 117°12′。高度 1545 米，气象台在孤立的最高峯（日观峯）上。

一．儀器与观測

用本观測水平面上所受到的直接日射量和天空散射日射量兩者总和的是日射总量自記儀器（solarigraph），簡称日射总量計。儀器是 Richard 厂出品，編号 103。这总量計包括兩部分，借日射產生电流的热电堆部分（感应部分）和安裝在室内的自記电流計。热电偶專設計为观測日射之用，由鉽与康銅薄片所組成，电阻很低（约 8 欧姆），許多热电偶組成长方形的平面热电堆，其上涂一薄層的特殊的漆，使各热电偶密接。这种密接面不整的結构方法是为了避免在日射斜投射时可能產生的不均匀性。热电堆上有一半球形的玻璃罩，安裝在一金屬座上，座上安有調整水平位置的螺絲和水准器，热电偶部分可以固定安裝在室外。自記电流計部分（是一个微伏特表）的指針借机械設計在自記鏡的自記紙上每隔四分鐘印出一点記錄。由于电流計所用的綫圈电阻小，所以指針移动角度較大，灵敏度大，則一較像天云厚有变化时也能指示出日射变化。

接射在一个与射綫垂直的平面上的直接日射，以日射强度自記儀器（pyrheliograph）来進行观測。儀器是 Richard 厂出品，編号 194297。这日射計也包括热电堆部分（感应部分）和自記电流計。感应部分热电堆安裝在一个能够使它随着日位轉动的裝置上，使时时与日射綫相垂直。热电堆感应部分上还裝有四个漆成黑色的銅圈，以吸收天空散射日射。自記部分則完全与日射总量計的自記部分相同。

日射强度观測 作檢查用的二級标准儀器是銀盤日射表（編号 S.I. 41）温度表

*1956 年 5 月 15 日收到。

181

扫码观看程纯枢论文

1956年9月，程纯枢在《气象学报》发表"泰山日观峰日射观测结果的分析"

（气象学报，1956，第27卷，第3期）

民國二十四年泰山之峨嵋寶光

陳 學 溶

峨嵋寶光原爲光現象之一種。我国以峨嵋山爲最著名，卽俗所稱佛光也。此種光環，德国勃樂根山（Brocken Mountain）亦常有發現，名之曰 Glory，或 Brocken Bow。其中心之黑影（多爲观察者之影，亦有以他物爲影者，例如十二月七日十六時所發現者，係玉皇頂星育之影。）則謂之 Brocken Specter，或 Mountain Specter。

寶光之生成，非圖人影，乃爲分光所致，奥日月華或彩虹形成之理相同，其出現之時，必須備有下列諸條件：（1）山之一面須有濃密之雲霧。（2）山之他面則须有强烈之日光。

泰山玉皇頂之东爲一數百公尺深之斜坡地，異常險峻，其东南隔一腰形地帶而與日观峯相楼，南約數百公尺，卽爲捨身崖。獅子、望人，蓮花諸峯，皆壁立千仞，峯下亦爲一斜坡地，其坡度較之前者且尤過之。被迫而上升之雲霧，多於东北風或西南風發生，尤以东北風發生之次數爲特多。每當东北風發生時，雲霧自玉皇頂之东被迫而上，經玉皇頂與日观峯之間之腰形地帶，而傾於獅子諸峯之下。苟風力不强，雲霧備拂該地腰之地面而過，玉皇頂不爲所蔽，如西南方又無高層雲，中層雲或掠玉皇頂西之雲霧遮蔽日光時，寶光極易形成。玉皇頂之西則地勢較爲平坦，雲霧雖掠地而過，其高度仍可包圍玉皇頂，故寶光乃難以發現，此泰山之峨嵋寶光，非下午不能發現之原因也。

本年（民國廿四年）泰山發現峨嵋寶光十次：計七月四次，十一月三次，十二月三次。

扫码观看陈学溶论文

1936年1月，陈学溶在《气象杂志》发表"民国二十四年泰山之峨眉宝光"

（气象杂志，1936，第1期）

民族大义：为抗日提供气象服务 <<<<<<

NATIONAL JUSTICE: PROVIDING METEOROLOGICAL SERVICES FOR THE RESISTANCE AGAINST JAPAN

　　以程纯枢先生为代表的泰山气象人，以"未奉训令，即炮火临门，亦不敢擅自行动也"的责任精神，为抗击日寇提供了大量的航空气象观测资料。

　　"近接开封空军总站公函，嘱每日发5次气象电报，以利军务"。

——程纯枢

（摘自1937年9月25日程纯枢给气象研究所的工作报告）

　　向"航委会发密电四次"，"由电话（长途）发济南航空站无线电转送，通电余知，着吾空军常向北面出击，此亦是一种重要工作，是为所长慰也。"

——程纯枢

（摘自1937年10月29日程纯枢给气象研究所的工作报告）

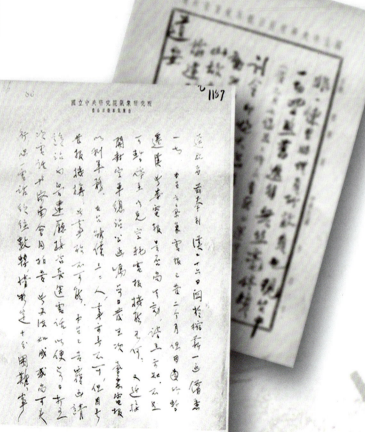

开封空军总站要求
提供气象电报以利军务

"敢当"精神：冒着炮火坚守 <<<<<<
"DARE" SPIRIT: STICK TO IT UNDER FIRE

"未奉训令，即炮火临门，亦不敢擅自行动也！"

——程纯枢

摘自1937年10月21日程纯枢给竺可桢所长的工作报告

"值此公务员往往擅弃值守、闻风逃遁之秋，如程君之忠于职务洵属难得也。"

——竺可桢

摘自1938年3月14日竺可桢致吕炯函

"敌未抵黄河，照常观测。若我军退守泺口，仪器装箱存台。"

——竺可桢

摘自1937年10月20日竺可桢给程纯枢的电报

1936年，程纯枢在泰山长寿桥留影

因侵华日军占领而中断 <<<<<<
INTERRUPTED BY THE JAPANESE INVASION OF CHINA

日寇轰炸

1937年10月5日，日军飞机开始轰炸泰安铁路沿线各站点，或三五日一次，或一日二三次，或投弹，或盘旋，或俯冲扫射。泰城、大汶口、北集坡被炸最重。12月24日、27日两次集中轰炸泰安城，炸死炸伤30余人，毁房数百间。至是年底，日机入泰安境40多架次，投弹40余枚。12月25日，日观峰气象台的观测记录被迫停止。

1937年12月31日，日军第十师团一部侵占泰安。自此，日寇铁蹄肆意践踏泰汶大地，泰安生灵涂炭，人民水深火热。

徒步撤离

1937年12月28日，程纯枢、王履新掩埋仪器撤离。南下的火车、汽车均已不通，他们徒步南行八十多公里到兖州始坐上火车。12月31日，日寇侵占泰城。

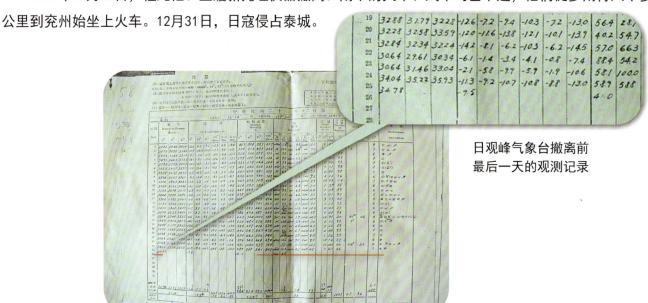

日观峰气象台撤离前
最后一天的观测记录

抗战胜利后转交中央气象局管理
THE VICTORY OF THE ANTI JAPANESE WAR WAS TRANSFERRED
TO THE "CENTRAL METEOROLOGICAL ADMINISTRATION"

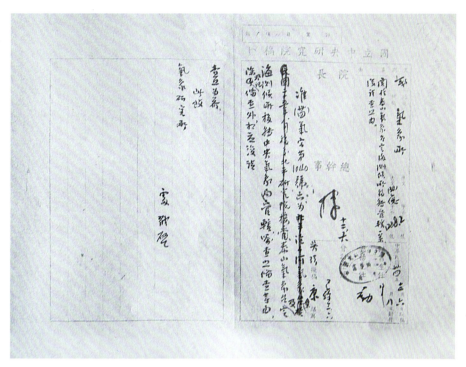

1945年12月，国立中央研究院答复国民政府中央气象局补办日观峰气象台由中央气象局管辖手续的函

1940年，日本侵略军侵占时，日观峰气象台近景

人物 20世纪30年代泰山气象工作者
METEOROLOGICAL WORKERS OF MOUNT TAISHAN IN 1930s
（注：按到泰山时间排序）

赵恕(赵树声)
（1913—2009.03.12）
泰山测候所首任测候生
在泰山工作时间：1932.07.09—1933.08.31

贵州省气象局正研级高工
贵州师范大学地理系兼职教授

　　浙江乐清人，国立中央研究院第二届气象练习班学员。泰山测候所首任测候生。1941—1946年任国民政府空军气象台台长、空军司令部气象处统计科科长、航委会气象总队第五气象大队大队长。1949年12月参加昆明起义，1952年调贵州省气象局工作。曾任全国科协"二大"代表、中国气象学会理事、贵州省气象学会理事长、贵州省政协委员、贵州师范大学地理系兼职教授。

罗月全(罗素人)
（1908.04—1995.07）
泰山测候所首任测候生
在泰山工作时间：1932.07.09—1934.05.10

中央气象局人事处教育科科长
湛江气象学校教务科科长

　　四川汉源人，国立中央研究院第二届气象练习班学员。泰山测候所首任测候生。曾任康定测候所主任、重庆气象台台长。1944年秋，与其兄自筹自建富林测候所。新中国成立后，主动把富林测候所（今汉源县气象站）献给国家。1954年调中央气象局人事处教育科任科长，1960年调湛江气象学校任教务科科长。

20世纪30年代泰山气象工作者
METEOROLOGICAL WORKERS OF MOUNT TAISHAN IN 1930s

殷来朝
（1910—？）
泰山测候所测候生
在泰山工作时间：1935.01.17—1935.06.30

台湾大学兼职教授

浙江淳安人，国立中央研究院第三届气象练习班学员，美国加州理工学院硕士。为人勤谨，先后任国民政府空军气象联队气象组组长、副联队长。曾在台湾大学兼任教授，后任台湾民航局气象中心主任、台湾民航局飞航服务总台副总台长。退休后，隐居台北市，仅与熟识者略有往还。

陈学溶
（1916.03.03—2016.06.01）
泰山测候所和日观峰气象台测候生
在泰山工作时间：1935.04.08—1937.04

气象学家、气象史学家
江苏省气象局高工
南京信息工程大学研究员

江苏南京人，国立中央研究院第三届气象练习班学员。曾任国立中央研究院气象研究所测候生、中航公司上海龙华机场气象台台长。1950年到华东军区气象处工作，1954年10月调入中央气象局任职，1961年11月任江苏省气象局高工，1972年调入南京气象学院工作，任实习台预报员、科研所天气气候室副主任、主任等职。开创了中国中小尺度天气分析的先河，制定《民航气象服务规范（试行本）》，编撰《中国近现代气象学界若干史迹》，校审《竺可桢全集》达1600多万字。1978年获全国科学大会奖。2013年，入选国务院批准的《老科学家学术成长资料采集工程》。

人物

20世纪30年代泰山气象工作者
METEOROLOGICAL WORKERS OF MOUNT TAISHAN IN 1930s

杨鉴初

(1915.06.26—1990.01.17)
日观峰气象台测候生
在泰山工作时间：1936.01—1937.02.01

气象学家
中央军委气象局与中科院地球物理研究所联合资料中心主要研究人员
中国科学院大气物理研究所研究员

江苏宜兴人，国立中央研究院第三届气象练习班学员。新中国成立后，历任中央军委气象局与中科院地球物理研究所联合资料中心主要研究人员，中国科学院大气物理研究所研究员。中国长期天气预报研究与业务工作的先驱者，日地关系研究的开拓者。长期天气预报历史演变法被称作"杨鉴初方法"。与陶诗言、叶笃正、顾震潮合作编写《西藏高原气象学》并担任主编，填补了世界高原气象学的空白，业内也有"叶顾陶杨精神"之说。

程纯枢

(1914.06.01—1997.02.08)
日观峰气象台首任主任
在泰山工作时间：1936.10.09—1937.12.28

气象学家
中国科学院院士
中央气象局副局长兼总工程师

安徽徽州人，生于浙江金华，毕业于清华大学，1980年当选中科院学部委员（院士）。曾任国民政府中央气象局上海气象台台长，新中国成立后任华东军区气象处第二副处长、中央气象局气象科学研究所副所长、中央气象局观象台副台长兼总工程师、中央气象局总工程师、中央气象局副局长兼总工程师、国家气象局顾问等职务。主要从事气候学、应用气象研究，为中国气象台站网创建、早期天气预报研究、引进国外先进技术做出了重要贡献。代表作有《中国天气范型》《全国农业气候资源调查和农业气候区划》等。

20世纪30年代泰山气象工作者
METEOROLOGICAL WORKERS OF MOUNT TAISHAN IN 1930s

朱岗崑

(1916.12.08—2010.03.02)
日观峰气象台测候生
在泰山工作时间：1937.02—1937.08

气象学家、地磁与高空物理学家
中国科学院地球物理研究所研究员
中国科技大学研究生院兼职教授

　　浙江淳安人，国立中央研究院第四届气象练习班学员。1949年获英国牛津大学物理学部博士学位。曾任中国科学院地球物理研究所研究员兼中国科技大学研究生院教授，是我国干旱和农业气象研究的创始人之一，在宇宙线强度变化、太阳质子事件、日食效应、地球大气、地核发电机理论等方面进行了深入研究。著有《气象卫星的发展及其应用》《指南针和现代地磁学》《大气污染物理学基础》等。

20世纪30年代泰山气象工作者名录

姓名	在泰山工作时间	姓名	在泰山工作时间
赵恕（赵树声）	1932.07.09—1933.10.12	杨鉴初	1936.02—1937.02
罗月全（罗素人）	1932.07.09—1934.05.10	程纯枢	1936.10—1937.12.28
金加隶	1933.09—1935	周桂林	1936夏—1936秋
范惠成	1934秋	朱岗崑	1937.02—1937.08
殷来朝	1935.01.17—1935.06.30	王履新	1937.05—1937.12.28
陈学溶	1935.04.07—1937.04.70		

人物

泰山气象站历史资料收集整理工作重要贡献者——陈建昌

CHEN JIANCHANG, AN IMPORTANT CONTRIBUTOR TO THE COLLECTION AND COLLATION OF HISTORICAL DATA OF MOUNT TAISHAN METEOROLOGICAL STATION

陈建昌《缅怀泰山气象事业奠基人竺可桢先生》发表在《山东气象》1995年第2期

1994年10月11日，陈建昌（后排右二）与时任泰安市气象局党组书记、局长吴殿明（后排右五）陪同台湾气象界代表团到泰山气象站参观

陈建昌（1938.02—2005.01），湖南省益阳县人，1956年7月毕业于中央气象局成都气象干部学校。1956年8月至1958年5月，先后在临沂、招远、峄县气候站担任观测员；1958年6月到1963年5月，先后在山东省气象局秘书科和天气科资料组工作；1963年5月至1982年8月，在聊城地区气象台、聊城地区气象局工作，先后任台站管理组组长、业务科副科长；1982年9月至1998年2月，在泰安市气象局业务科工作，先后任副科长、科长；1998年2月退休。

1993年3月—1998年2月，陈建昌受命负责泰山气象站站庆和《泰山气象志》史料征集工作，在当时主要依靠书信通信、手抄整理资料的情况下，想尽千方百计、历尽千难万险，与曾经在泰山气象站工作过的近百人取得联系，特别是与20世纪30年代曾经在泰山工作过的程纯枢、陈学溶、赵恕以及定居台湾的殷来朝等取得联系，收集了极为丰富的站史资料，为我们开展泰山气象史研究提供了坚实基础，做出了重大贡献。

陈建昌（1938.02—2005.01）

陈建昌学生照

陈建昌1993—1998年从事泰山气象站历史资料征集工作时的工作笔记

竺可桢发展泰山测候事业相关信函选

ZHU KEZHEN'S LETTERS ON THE DEVELOPMENT OF MOUNT TAISHAN WEATHER MEASUREMENT

竺可桢发展泰山测候事业的相关信函选自中国第二历史档案馆晨露夕舟选辑的《1929—1941年间竺可桢发展地方测候事业相关信函选》，刊登于《民国档案》2012年第1期。

・档案史料・

1929—1941年间竺可桢发展地方测候事业相关信函选（摘录）

中国第二历史档案馆

晨露夕舟　选辑

[提　要]　1928年2月中央研究院气象研究所成立，竺可桢出任所长。任职期间，他致力于测候人员的培养、任用以及地方测候所、气象台建设与日常工作指导等，为我国地方测候事业的发展作出卓越贡献。馆藏1929年至1941年间竺可桢为各地测候所选址建筑、购买仪器、选聘人才等事宜致相关机构负责人的信函，集中反映了民国时期中国地方测候事业的发展历程。

[文档记录形式]　手稿　抄件

[关键词]　竺可桢　测候　气象

17. 竺可桢致刘增冕函
(1934年1月20日)

子纯先生大鉴：

　　惠赐测候须知，即另封寄奉。关于日观峰筑台一案已得厅复，御碑石坡可以移置，致为感荷。惟津浦局欲建观日亭，虽占地不广，而地势方位在在与气象台有关，稍不妥慎，易致妨碍观测工作，顷已函复鲁厅，请于最近期内指定日期再行派员会勘相度地势，以为定案。此间已嘱诸葛根公偕刘工程师整装预备，一得厅函即可如期启行。厅方是否仍派台端赴泰，深恐文移往返，过耗时日，务希就近催请，愈速愈佳。温度雨量表已另封寄奉五百份，幸酌发。此颂

大安

竺

21. 竺可桢致山东教育厅何思源等函
(1934年6月1日)

仙槎、德馨先生台鉴：

　　久钦德范，弥切驰系，辰维道履绥和为颂。敝所拟在泰山日观峰顶建筑气象台一座，设计图样皆已齐备，曾刊登山东日报及山东民国日报招标。泰山交通艰阻，工程不易，拟恳台端代为就近介绍可靠之包工一二家估价投标，俾便利进行。至感至盼。此颂

台祺

弟　竺可桢顿首

民国档案 2012.1

·档案史料·

27. 竺可桢致刘福泰函
(1935年3月22日)

福泰先生惠鉴:

十八日奉邀便酌,始悉文旌留沪,不即来京,甚以为念。前承为敝所建筑泰山气象台设计曾一再上山东招标,以运输不便,多估计至三万以上,终以二万六千余定议。惟近接报告,山顶风力加猛,百叶箱且不翼飞去,颇拟将新建筑改为钢骨水泥平顶,不知是否适当?改建以后外墙顶应作何式?又铁筋图及门窗大样图如何?统俟面商,务恳于下周课期早日来京,以便商承一切,至盼至盼。此颂

春安

弟 竺

42. 竺可桢致吕炯函
(1936年6月1日)

蕴明同学足下:

昨得咏深及杨鉴初等两函,藉悉一一。泰山测候所天气报告可按日交由泰安县政府测候所代打,与泰安测候所之天气报告同时寄出。如此层办不到,则每日天气报告只可暂时作罢。装置电话专线,俟日后时局稍佳再进行可也。北平台之气象仪器于本月观测完竣后拟运西安台应用,但经济委员会水利处之预算是否能成立,望于下星期向该处一询。又西安测候所现有仪器名单,亦望向该处索取。凡该处已备有两幅之仪器,则可不必送往(自记仪器一套已足,温度表、水银气压表则须两套)。北平研究院让给平台正式公函,则由院中迳去。练习生考试结果如何,望于便中示知为荷。杨、金函附还。此颂

近祺

友生 竺可桢顿首
廿五年六月一日

43. 竺可桢致吕炯函
(1936年6月3日)

蕴明同学足下:

前寄一笺想可达览。海关税务司函已寄去,惟五月十八日所寄海关函中有谓从六月一日起希望各海关增加下午九点观测一次,实系误会。因各海关(凡属可能者)下午九点本有观测,只要求其发电报而已,现晚间广播试行数日,未识收到之电报有相当数目否?致海关函已由杭寄去,稿内附。此外,尚有齐鲁大学等英文函稿两通正拟就,希在所中打就寄出。泰山测候所闻于本月可以竣工,希函高琪珊嘱约期点收。点收时必须约工程师刘福泰先生同往,如为期不远,则可函金咏深君,嘱其留泰山,俟点收完毕始返,否则所中又须另派人也。下月十三四号所中招考练习助理员二人,定期为十四日,但恐时间一日不行(因下午太热),拟延长为两天。大致日程如下:

七月十三日　上午七至十(7:00~9:50)考物理;十至十二(10:10~12:00)考外国语(英法或德)。

七月十五日　上午7:00~9:50考气象;10:10~12:00考气候学。

此事希与德办事处接洽,应否在报纸上即登广告,亦可与院中商洽决定。办法定后可在所中油印或铅印若干,以便应付各校来函索取也。专此。即颂

近祺

友生 竺可桢顿首

·档案史料·

44. 竺可桢致吕炯函
(1936年6月4日)

蕴明同学足下:

  顷得来书,藉悉一一。接收日观峰气象台事,金君既已返都,则务望足下偕同刘工程师前往,因不但形式上业主方面不能不有代表,即万一工程有问题,小者可以当场解决,大者亦可作为日后商计地步也。桢已于日前复电时请足下赴泰,想该电可以到所矣。至于各测候所之测候生分配问题,如何人调川,如何人继徐延煦等等,最好能由足下主持决定,免得来往函询致延时日也。此颂

近祺

友生 竺可桢顿首

48. 驻日大使许世英致蔡元培函
(1936年7月6日)

孑民先生道席:

  久违清教,时切驰思,遥维道履胜常为颂无量。阅报悉中央研究院气象研究所于泰山最高峰新建气象台,业已落成,高拔海面五千零五十九英尺,为东亚唯一高山气象台,良深钦佩。弟年来从事开发黄山,悉天都、莲花两峰拔海均七千尺,秋冬气候绝佳,如能就此建台,则南北联络观测当更成效。昨已与余青松博士谈及,更盼鼎力主持,俾获实现。弟东渡三月未办一事,无补时艰,徒滋感慨,尚希时惠教言,用匡不逮。专此。敬颂

道绥

许世英敬启
七月六日

51. 竺可桢致吕炯函
(1936年8月13日)

蕴明同学惠睐:

  桢于六日还都,适足下告假回里,旋以院中谈话会延至十四号,桢以浙校考试不能久待故,于十日来杭。此次谈话会所提出各点,已与骝先先生面洽,大概系零星琐事,但临时或有重要提案,亦未可知,故务望足下出席为感。闻足下与宝堃将赴平出席于地理学会及七学术团体年会,适所中与经济委员会合作设立两头等测候所急待成立,故拟请足下或宝堃于回途赴西安、汉口视察。北平沧子河仪器如可移赴西安,则即着金廷秀同往。至于西安、汉口,既称头等测候所,工作人员亦不能不事先加以计划。鉴于近来高空探测气球之成功,西安、汉口在腹地,较南京更为相宜,成立以后应至少按月一次与南京同日施放Sonnding Balloon。人员方面,西安与省立测候所合作,李毅挺及属下拟不加以更动,惟须添测候人员而已。至于工作及地点应如何改良分配,希足下(或宝堃)至陕后就地酌定。汉口地点暂定在江汉工程局附设之测候所,惟据水利处处长郑权伯君由电话中告知,谓该处系租赁之屋,不如在武昌另觅地点,已由所中函鄂省府索相当地亩(望一查此函有否此去)。仪器则除江汉工程局原有外,须由所中添购。桢已与涂先生商洽,向兴华购置自计雨量器及自计风向风力计各一枚,希即进行(款项可先付一半)。人员方面亦应加以预备。足下到汉口、武昌以后,望至江汉工程局及武汉大学韦君润珊二处接洽。大学僻处城外,地点恐不相宜。又山东建厅某君在所学习已逾一月,瞬将返鲁,回鲁时望以桢名义作函与建设厅张鸿烈君(名号可询明),嘱该厅注意两事:(一)目前鲁省测候所数已不在少,惟记录多不可靠,故望能集中设备与经费于若干县区;(二)建厅必须时常派员轮流至各县视察,如有阳奉阴违或观测不确等情事,必须加以训斥,庶几所测结果能有科学上之价值。匆泐。即颂

近祺

友生 竺可桢顿首
廿五年八月十三日

·档案史料·

57. 竺可桢致吕炯函
(1936年10月4日)

蕴明同学惠睐：

别后于翌日至沪，始悉星期六院中召集会议，幸桢于星期五上午已与朱骝先先生面洽关于时局紧急时所中仪器及工作之处置。星期六之会议大致亦讨论此事，未识临时有约足下出席否。桢在沪晤农山先生，据云科学社有若干书籍，于时局紧张时或将移所中暂贮，如为数不多自可照办也。桢抵杭后接物理研究所钮步嵩君函，为上海南方电料公司付还尾款，此事因泰山台建设无线电计划变更，故未付去，似为数无几，望依照合同付给为感。自西康探险队（即现存所中者）所购之发报机，既不携赴泰山，即可于便中带往定海（俟定海台验收以后再说），发电机亦可携往应用，但此项发报机是否能与南京按日通报成为问题。定海与南京之距离与泰山距南京不相上下，但定海工作依赖无线电之处甚多，必须日日能与南京通报方可，望与蜚君一商。定海台已选竣，建厅公事闻已发出，日内即可转奉，大约下星期（双十节后）当约建厅中人同往接收，届时桢如不能赴甬，仍烦足下一行，但未识涂先生于何日返乎。上海测候所工作最好能延至本年年底结束，吴勇庚、蒋瑞生赴甬后可留斯杰在沪工作，每日观测留此已足，而定海测候所则于一月一日即可正式开始工作矣。海温自计表已交与吴君矣。匆泐。即颂

近祺

　　　　　　　　　　　　　　　　　　　　　　友生　竺可桢顿首
　　　　　　　　　　　　　　　　　　　　　　　　十月四日

63. 竺可桢致吕炯函
(1936年11月28日)

蕴明同学足下：

昨函寄出后适得来书，建筑图样甫于今日下午接到。刘君所绘图样，如全部建筑决非六千元所能为功，至少须两倍此数。泰山气象台原拟一万元可以建筑，而结果竟达三万元，殷鉴不远，故此次应力求节省，缩小范围。如用刘君图，可将两办公室、统计室全部删去，后面之宿舍亦可减去两间，但如斯则恐不甚雅观耳，或须重绘，一切望与刘君商之。秦化行又有函来，其所报之账目是否前后相符，尚希一核。前寄之旅费，嘱其存入银行弗动用，所需之款可另寄，但账目须催其速即报销也。桢数日来杂务甚多，较形忙碌，史镜清征文于下月二三号以后始克阅读也。匆泐。即颂

近祺

　　建筑图样另封寄奉，秦函内附。

　　　　　　　　　　　　　　　　　　　　　　友生　竺可桢顿首

65. 竺可桢致吕炯函
(1936年12月2日)

蕴明同学足下：

昨得惠书，藉悉一一。骝先先生昨已由行政院通过来浙主持省政，研究院恐又需另行物色总干事人选矣。骝先先生函中有一点须声明者，即气象研究所本年度经费为十二万二千元，均在总院一百二十万元经常费预算内开支，来年度如经常、临时均无增加，希望气象所仍能保持原数。此点一方应以书面声明，一方望足下即至院中与骝先先生接洽（如已来浙，可与毅侯、显庭晤谈）。湖北教厅程君（其系号犀秋）函希嘱楚白代复。至于西安测候所经费移用于武昌，桢认为不妥，不如以明年度武昌之款节省应用，移用西安之款则必须得李毅挺同意（因李系所长），且将来报账亦有困难。武昌建筑必须缩小范围，刘福泰工程师对于打样固属能手，但于实地建筑缺少经验，其所估价目常只实价三四分之一，如欲知真实价目可交高常泰或王伊曾一估。武昌方面之人选俟桢返都后面谈决定，返都之期目前尚未确定，如时局紧急则必延至二十左右矣。蒋瑞生告病假已久，如已痊，嘱其即日返沪，如未痊，似应作留职停薪论（蒋瑞生回沪后，范惠成可调回京）。西安拟请杨昌业前往，桢已作函询杨。定海测候生陈宗元于一二日内可以来京，闻汪国瑗云（渠得诸斯杰），前所中购置之发电机（本拟在泰山装置后拟移定海）一部已坏不可用，未识何所据而云，然想系金咏深君转告斯杰，希询明金君为荷。朱、程两函内附。此颂

近祺

　　　　　　　　　　　　　　　　　　　　　　友生　竺可桢顿首
　　　　　　　　　　　　　　　　　　　　　　　　廿五年十二月二日

71. 竺可桢致宋兆珩函
（1937年3月9日）

楚白同学足下：

顷得惠书，藉悉一一。秦化行是否已恢复康健，可以入藏，班禅是否能三月杪启行，目前均成问题。惟丑进颐知识幼稚，万不能令其入藏。外报载班禅有赴康定之消息似较可靠，如赴康定（即打箭炉），则北平之罗月全较秦为合宜，因罗乃康定附近之人也。目前办法可嘱秦化行探询班禅入藏消息，如得确期，着即电知（因据徐近之君报告，班禅必不能回藏，翁先生亦云如此），目前可令在西宁观测。定海测候所合作事，望由所中依照与浙建厅前后来往公函拟定办法数条（如名称、人之委任及经费办法等），待建厅同意后即可依照办理，广播电机桢当与水利局何叔通先生作一度之接洽。高学文加薪事须询蕴明，因桢事先并不接洽也，惟以时期而言，则渠服务尚未达两周年，且中间曾擅离职守。至于广州气象台向国际气象注册事，荷兰复函既已失去，望请涂先生根据事实复荷兰一函。此颂

近祺

友生　竺可桢顿首

廿六年三月九日

76. 竺可桢致吕炯函
（1937年6月28日）

蕴明同学惠睐：

昨接惠书，藉悉一一。定海方面由建厅辖管，因公事繁多，效能必因之减少。拟与骝先先生商定，照经济委员会办法，每年津贴二千数百元之数后由所中办理。如此，则可以减少若干官样文章，而任君亦可不动矣。程君望准其返京矣，嘱其至佘山一行，但数星期内仍须赴泰山，以期将日射计仪器中之湿气消除。至津贴问题，当然牵动泰山测候所全部人员。从前泰山建筑未成时，假寓于玉皇顶上之道士庙中，曾经给（每月）津贴十元，现在是否恢复，俟桢于下月四五号返京后再定。专此。即颂

近祺

友生　竺可桢

廿六年六月廿八日

86. 竺可桢致宋兆珩函
（1937年10月18日）

楚白同学足下：

昨自南京回杭，接十月九号一札，藉悉一一。桢于月之初旬电召温甫来杭，藉悉与航委会合作过去情形。及十三号与温甫同车赴京，在总办事处阅先后来往公函以及防空委员会向本所索天气预报之经过（详桢由南京寄涂先生一函），案情乃大白。现决温甫留京作预报，航空委员会之交涉可称告一段落矣。资源委员会与经济委员会负责诸人，桢在京均已晤到，接洽经过亦见桢致涂先生一函。抵杭后又接资源委员会来函，询九月十五号以后所雇统计员裁去若干人（桢当时曾谓五人中裁去一人，尚留四人，工作原期于年底可以结束，但因移家及裁人关系，故或须俟至明春四月间。以上诸点，所中复函时可作参考。又，印刷办法希早定，与宝堃商洽后即去函资源委员会）。经济委员会八月份经费，据郑权伯云不日可发。咏深曾由南昌寄发一笺，于今日接到，藉悉书籍尚称完好，至引为慰。泰山方面目前自应取镇定态度，近来中央军已北上反攻，克德州，则人心当能稍定。万一敌军渡河攻取济南，则所中职员只可退出，仪器择可移动者南运，但据目前情形，敌军决不能于短时间飞渡也。包头冯天荣拟返京，曾电所中请旅费，但未识近来尚有消息否，如汇兑尚通，希设法汇出。吴永庚在沪工作不多，可依照斯杰在粤托人代译办法，吴君可留职停薪或调汉口。又罗月全不愿去定海而欲回四川，故定海似可派吴永庚前往而将孙儒范另调。桢又白。据陈士毅君报告，谓近来测候员来往支公家旅费，往往有坐头等二等车位或仓位者。按旅费开支办法，院中早有规定，测候生嗣后只能乘坐三等，以后如有前项情事，不得与以报销。匆泐。即颂

近祺

友生　竺可桢顿首

十月十八日

·档案史料·

88. 竺可桢致宋兆珩函
(1937年11月6日)

楚白同学足下：

昨接上月卅号一札，所述各节，桢将个人意见书列于后：（一）吴永庚君近亦有函来（原函附），对于调定海事渠尚未悉，桢已函告之。（二）陈学溶由京调汉前，温甫来函颇有难色，希由总所决定，要视乎京、汉两方需要之如何耳。（三）泰山台上工作人员如不能维持，则可调庐山，但目前敌人目光注重山西，故泰山台上之职员尚可不撤。（四）北平来往函电极为迟缓，甚至九月中旬所发信于本月月初始接到者。王毅如接替南来，而遽予以停职处分（因渠事先并不知），于理于情均属未当，如请假过久则可停薪。（五）蕴明处桢已去三函，最后且将总办事处之通知寄去，如至十一月十日未到京，而同时又不提出理由，则只可以作停职论矣。（六）梁实夫处可去一电，嘱其于十号前到所，否则停职。（七）冯天荣事桢前函已提及，拟由冯留宁夏，王兴基调甘肃，但冯与宁夏欧亚公司职员素来不睦，如调甘肃亦佳。（八）四川徐近之已有函来，知建厅在成都建台之议已作罢，故罗月全目前只可暂时赋闲矣。（九）吴永庚去定海，月薪、名义照旧，惟浙省折扣较大，五十元以下打八折，以上折中，月薪六十元实得四十五元，与所中之实得五十八元者不免相形见绌，或可改成七十元，则实得五十四元。俟吴来浙后再与建厅商榷，当可办到也。（十）范惠成八月及九月份上年月薪，据来函谓已收到，但渠两次来函均非亲笔，且有寸步难移之语，则其病状不轻可知矣。昨晨日兵数千在杭州湾外之金山卫登陆，杭州防御骤然吃紧，而同时上海我军后方亦堪虞，深望国军于短时间内能解决此少数残寇，不然则沪、杭殆矣。此颂

近佳

友生　竺可桢顿首
廿六年十一月六日

91. 竺可桢致吕炯函
(1938年1月31日)

蕴明同学足下：

桢于廿八号乘飞机由长沙来汉。汉市现成航空线之中心，气象所广播骤搬重庆实嫌过早，因一至重庆，则广播即失其效用之一部，且与各方接洽亦属不易，故桢最初即主张研究所书籍、仪器及大部人员可以移湘、移渝、移滇或移任何安全地点，而广播中心则应在汉口。孟真先生对于气象事业全系外行，有此种主张亦无足怪也。桢抵此后，骝先先生本嘱桢乘机来渝一行，以便决定日后方针，适日来飞机票已售罄，须俟至二月五号以后。桢在汉又不能久待，因浙大虽上课，于五号即大考，考后须再迁至吉安附近之泰和（目前上课系借吉安中学及乡师校舍，二校适在寒假中），故又不得不赶回。所幸南昌至武昌、汉口之公路已通，自备汽车由吉安四小时可达南昌，再十小时即可至武汉。如将来桢飞渝，当嘱人在汉预购飞机座位，则不致于耽搁时间矣。昨晨至武昌，偕次由至博文并至石灰堰，知武昌气象台之工程已停。据桢与经济部翁部长及郑权伯（郑明日飞渝）接洽之结果，武昌、西安二台经费，该部允继续津贴，而建台之费则不得不用，故桢已嘱次由于阴历新正后召包工赓续建台。前足下电中所云，保管款签字印鉴可以更换，但此项款除建台及付外国行家之款外已所余不多，而此二种款项无论如何不应移作别用（黄山建筑费据毅庚云已寄渝，此款非迫不得已亦不能挪用）。桢于今晚乘特快车（粤汉路近已大改进，头等有卧铺）回长沙，当可晤陈士毅，即嘱其返渝，如汉口尚存有仪器、书籍，亦可乘便挈渝。金咏深虽已留职停薪，颇欲重回气象所。桢上周在南昌时晤赣建设厅杨绰菴，杨谓徐守谦不能独当一面，嘱另觅一人，月薪150元。桢在南昌时已电国华来赣（因国华在柳州赋闲），如国华不能来，则当荐咏深前往。据桢目前估计，渝中工作不多，咏深夫妇至渝不如赴赣也。所中仪器、书籍应全部移渝，闻程纯枢离泰山时，将仪器一部送南京，如此则势必遗失，望能设法追查。汉口广播已停，急应恢复。昨在武昌所打一电，想可收到矣。关于所定外国杂志，而寄南京必致遗失于途中，可致电与 G. E. Jtechert，嘱寄重庆。余事已与毅侯面洽，不赘。又重庆地点如何，今晨遇卢作孚当与一谈，或可移北碚，因该处有西北科学院及中国科学社，学术空气较为浓厚，不知该处有否回电？此颂

近祺

友生　竺可桢顿首
一月卅一日

· 档案史料 ·

92. 竺可桢致吕炯函
（1938年3月14日）

蕴明同学足下：

午间接六日惠书，藉悉一一。陈士毅处，桢即于午后去一电，交长沙永丰仓43号周叔骙转，但据前月李宪之来函，则陈君似于上月二十号左右即将去汉，渠现究在何处，自桢离长沙后六星期间竟杳无消息，故亦不能确知也，电中并说明款先汇渝。国华于上月二十边曾由汉口来函，谓被任为南昌测候所所长，嗣后迄无消息，想已抵南昌矣。咏深虽在赣任事，但闻因受家庭惨变之刺击[激]，态度颇为消极，桢已作函劝之矣。西安测候所主任望即任命程纯枢君。在港时于会议中，桢报告程君孤守泰山日观峰气象台之经过，极蒙蔡先生之赞许，值此公务员往往擅弃职守、闻风逃遁之秋，如程君之忠于职务洵属难得也。宛敏渭成绩尚佳，可介绍与国华或咏深，以皖、赣相距尚近也，陕中可另派人。至于观测方面，所中各项自计仪器仍应继续每日目测二三次，以资比较，此项记录为预报天时计，亦不可少也。川中各测候所可用川、陇时，但为制图用，则（东经120度）上午六点、下午二点仍应与他处同时观测也。秦化行君嘱其弗离西宁。如二人观测，则每天八次即行，晚间观测可取读自计仪器上。马君暂时维持一切，望由所中迳复，渠所云辞职函桢迄未收到。何元成近来函，知其由丽水回定海，途中因宁波海口已封锁，不能返定，现抵矣，永庚一人遂困守孤岛矣。桢已函交通部次长彭学沛，嘱代购飞机票由汉来渝，并嘱于起飞前四五天电知，目前购票者多，来渝之期恐又将展至月杪或下月初矣。此颂

近祺

友生 竺可桢顿首
三月十四日

93. 竺可桢致吕炯函
（1938年3月26日）

蕴明同学足下：

桢此次来渝一再延期，实缘浙大始迁泰和，百端待举，而尤以四月间赣江水涨，校址低洼，急须测量筑堤为急不容缓之举。现计划已定，故桢决于四月五、六号离泰和，在南昌、长沙及汉口均有一二日之勾留，约于十号可以抵汉，俟飞机票购定后当电知足下也。秦化行第一次辞职函桢未接到，渠又来第二函，桢已复去，嘱弗辞，如渠辞意坚决再函摆脱，则只可任其离职矣（秦函内附）。周桂林现在南岳主持测候，近有来函，谓山巅与山麓气候往往迥不相侔，颇可资研究。自泰山观测停止而后，南岳记录可称惟一国内之高山记录矣（如所中无报告，望去函嘱其按月报告）。王兴基训练时间太短，根基太差，冯天荣成绩亦素来不佳，此次谎报事实更属不成事体，应去函严加责备。惟宁夏仪器既移同心城，则过去如何观测殊属费解。同心城在宁夏之南二百公里（在于夏），所中向与欧亚航空公司合作，未识同心城之站是否系欧亚航空公司抑系航委会所有。余容面洽。厦千函望于便中转达是托。此颂

近祺

友生 竺可桢顿首

96. 竺可桢致吕炯函
（1938年5月23日）

蕴明同学足下：

叠接十二号惠书及楚白十四号一笺，藉悉一一。国际气象会议之会费，以目前汇兑困难，只得从缓，故桢已拟就一稿在原函后面，如荷赞同，希即在重庆打就寄去。拉萨闻于十五以后可试行直接通报，未识结果如何。西康与川省如均能增设三个测候所，则西川气象知识必能于将来增益不少。在川省境内之雨量站，可择成绩较劣者移设西康，但如何能得适当人选是一问题，未识经济部是否在该省亦有农业报告员，望足下就近一询钱安涛先生（农业司司长，在川盐银行楼上办公，仲辰知其寓所）。如所中派人入西康考察，即可当面委托或可就地选定管理雨量站之人员。郭君前往，桢亦赞同，因西康各地地形高低大相迳庭，故嘱其随带一比较精密之气压表，以便随时测量各地气压，并将日期与时间详细记下，以便异日计算约计之高度。关于杨昌业事，已详致楚白函中，兹不赘。此颂

近祺

友生 竺可桢顿首
五月二十三日

又启者：武汉气象台建筑费（房屋本身）如在万元以上，则刘福泰工程师处致送四万元足矣；如在万元下，则二万元亦可。实际在泰山建筑时，渠尚察勘数次，在武汉似未往一顾，二者不能并论也。渠如不愿往汉口，不必勉强，可在汉另觅一内行者，尽义务的作一顾问可也。

民国档案 2012.1

·档案史料·

103. 竺可桢致吕炯等函
(1938年8月1日)

蕴明、楚白同学足下：

桢在汉口与长沙所寄各笺，想均可达尊览。因等校中汽车，在湘致停一周之久。曾将郑州测候所仪器四箱由汉存长沙，暂存四堆子四号湘黔铁路局，已嘱刘粹中不日移往农业改进所（天心阁测候所不日亦迁移至该所，所长即孙恩麐先生）。后即于廿一号启程赴桂，途中曾至南岳测候所晤周桂林，该处虽不及泰山之高，但所得亦饶兴趣。台屋甫于月前落成，共费二千八百余元，亦足敷用矣。廿三号抵桂林即接校中来电，谓家人病危，促速归。桢即于翌晨单身就道（留刚复先生在桂），于廿五晚抵泰和，始悉二小儿竺衡已于廿一下午因患急性痢疾去世，内人亦于同日（十一号）患急，当桢到泰时已困度不堪，日来病势更益加重，气息奄奄，现虽赣州、南昌各方请医，而生死存亡亦只能归诸天命矣。足下十三号来函询西康练习班讲授人员，此事为求简单计，不如照蕴明原议，嘱彼等不必来渝，即由郭晓岚君去西康之便，在彼多留五六星期加以训练，实为国难时期中一种通融办法也。视察员薪水不应超出七八十元之数，如宛君不愿，可另觅人。定海测候所何君久离职守，已另派陈宗元君接替，陈君已有来函报到，其薪水如干可照旧，但须打折扣，终期以不超出定海测候所之预算为限。浙大得教部命，嘱准备移贵州安顺，但此时交通不便，拟先入广西再说，正在筹划中。日来心乱如麻，晚不能眠，食不知味。前云拟于暑中来渝一行，终难期实现也。匆泐。即颂

近祺

友生 竺可桢顿首
八月一日

致高常泰函稿〔建日观峰气象台〕①
(1935 年 6 月 15 日)

琪珊先生台鉴：

别来即于翌日与刘福泰先生安抵都中，一切平顺，惟炎热耳。都中亦久未得雨，今晨始有雷阵，度霉雨已开始矣。未识玉皇顶如何？景记携来瓦片样本，质地欠佳，殊不适用。因日观峰气象台建筑，将来最易发生问题厥惟屋顶，故望令包工特别加以注意。围墙与铁窗价目有开来否，至念。蔡先生日内来都，奠基石上之字，当请其书就也。附奉玉皇顶所摄小照一帧，希察人。此颂

近祺

弟 竺可桢 顿

编著注
❶ 据作者藏件人编。函稿有标题"日观峰气象台建筑致监工高琪珊函"，下记"六月十五日"。气象研究所当时在泰山修建气象台，高常泰，字琪珊，系该所为此工程临时聘用的监工。

注：《致高常泰函稿》摘自竺可桢全集. 第2卷/竺可桢著 —上海：上海科技教育出版社 ，2004.7

浴火重生

REBIRTH FROM ASHES

因服务抗美援朝而重建
1953—1978

中华人民共和国成立后，华东地处重要战略地位，特别是抗美援朝期间十分需要气象情报资料。当时高空气象站很少，高空资料很缺，考虑到泰山位置重要，而且过去有基础，1952年夏，华东军区司令部气象处决定恢复泰山气象站。1953年10月1日，"中国人民解放军山东军区泰山气象站"正式开始观测，后因气象部门体制调整而转地方建制。以顾永槐、韩继振、侯振西为代表的泰山气象人筚路蓝缕，克服重重困难，自设无线电台，山顶开荒种地，自发"挑山"运菜，从一穷二白到初现规模，谱写了泰山气象事业发展的新篇章。

因抗美援朝而重建 《《《《《
RECONSTRUCTION FOR RESISTING US AGGRESSION AND AIDING KOREA

　　抗美援朝期间十分需要高空气象情报资料。据国家气象局副总工程师易仕明回忆，"当时高空站很少，考虑到泰山位置重要，而且过去有基础，准备恢复建站"，1952年夏，时任华东军区司令部气象处行政科参谋的易仕明奉命赴泰山勘察站址。

易仕明戎装照

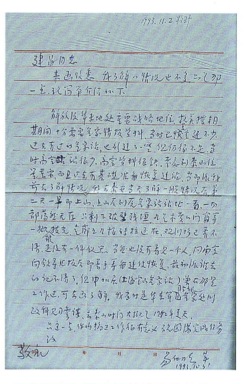

易仕明回忆勘察站址情况的信函

　　"上山后到原气象站站址一看，一切都荡然无存，只剩下破壁残垣，凡是木质的门窗等一概被拆完，走廊上几根砖柱还在，观测场已看不清，已没有一件仪器，当然也没有看见一个人。"

　　"回南京向领导汇报即着手筹备建设恢复。"

——摘自易仕明回忆到泰山勘察站址情况的信函

泰山气象站首任负责人顾永槐与妻子黄珊珊（泰山气象站首位女职工）合影

全站同志合影

武装建站 <<<<<<
SET UP METEOROLOGICAL STATION WITH ARMS

"1953年9月，我们由华东军区气象处分配到山东军区气象科再到泰山气象站，自设无线电台，有气象测报员、报务员、摇机员以及后勤人员，共有15人左右，常有人员变动，每天24小时值班，三班轮换，向南京发报使用的是密码。建国初期泰山老林里还有少数敌特分子活动，为了安全自卫，山东省军区为我们配备了两支步枪，两支短枪。到了泰安军分区，为了加强战斗力，又为我们增配了两支冲锋枪和四箱手榴弹，如果遇到敌情能够坚持两个多小时，就能得到山下的接应。大家过着集体军事化生活，时刻提高警惕，要求值班、工作、夜里睡觉武器弹药都要放在身边，做到发现敌情，要拉得出、打得响、顶得住，实实在在的武装气象兵。后来气象系统划给地方领导，武器弹药上交人武部，土匪也逐步肃清，气象站也转入机关正常工作。"

——摘自新中国泰山气象站第一任负责人、副站长顾永槐回忆文章

顾永槐：《创建泰山气象站的前后》 <<<<<<

GUYONGHUAI: BEFORE AND AFTER THE ESTABLISHMENT OF TAISHAN METEOROLOGICAL STATION

扫码查看完整版
顾永槐：《创建泰山气象站的前后》

建制划转 <<<<<<
TRANSFORMATION OF ORGANIZATIONAL SYSTEM

1953年10月20日
按照康生、许世友签发的山东省人民政府、山东军区联合命令
泰山气象站由原属各级军区建制
转为各级人民政府建制

艰苦奋斗 观云测天 ‹‹‹‹‹‹

WORK HARD TO OBSERVE THE CLOUDS AND MEASURE THE SKY

　　建站之初，观测项目主要有气压、气温、湿度、风向、风速、云（状、量）、能见度、降水、天气现象等常规观测项目。

1959年3月1日，顾永槐参加济南地区气象工作会议

泰山气象站职工与上级业务检查组合影

泰山气象站部分职工合影

中国科学院开展泰山云雾和降水研究(1962年) «««««

CAS CONDUCTS RESEARCH ON CLOUD, FOG AND PRECIPITATION IN MOUNT TAISHAN

1962年7月至8月，中国科学院地球物理研究所在泰山开展云雾降水综合观测，其中雨滴谱、云中微结构的起伏是观测的重点，研究成果发表在中国科学院地球物理研究所集刊第10号《我国云雾降水微物理特征的研究》。

中国科学院地球物理研究所集刊

第 10 号

我国云雾降水微物理特征的研究

科学出版社

泰山两次雷雨云降水微结构的一些特征

阮 忠 家

一、引 言

雷雨是大气中的一种重要天气现象，它有着许多特点。雷雨一般来得骤急而猛烈，降水质点大，谱宽，有时夹带冰雹。二十世纪初 W. A. Bentley[1] 曾用粉团法对雷雨、暴雨、阵雨作过数十次细致的观测，取得了几百次雨滴的样本，并作了分析。他发现雷阵雨的初始雨滴经常是大水滴或特大水滴，云的不同部位雨滴大小的分布迥异，通常小水滴自云的东边缘向西边缘增加，而中、大尺度的雨滴，从云的二端向中心部位增多，大雨滴向云的后部减少。他还观测到雷雨雨滴的多寡、大小与闪电的强弱、远近有关。在他的资料里，测到最大雨滴的直径竟达8毫米。在 P. Lenard[2] 的文献里也提及了 Hr. J. Wiesner 在上奥地利亚某次倾盆大雨中，观测到5毫米大小的水滴很普遍，最大的有6.7毫米。以后的几十年内，虽然各地取了不少的雨滴谱资料，但雷阵雨雨滴谱的资料却不多，完整的连续取样的资料几乎没有了。Н. С. Шишкин[3] 和 B. J. Mason[4] 发表的雷雨资料，最大雨滴都不超过6毫米。他们对谱形只作了一般的描述，没有对这种复杂谱形的构成作讨论和解释。最近 A. N. Dingle 与 K. R. Hardy[5] 用光电雨滴谱仪取得的雷阵雨资料比较完整，对雷雨阵水初期雨滴谱的分布上，相对于指数分布来说，大水滴和小水滴较多而中尺度雨滴不足的情况也作了解释。他认为这主要是重力分选、风速切变以及降水初期大雨滴的破碎等综合作用的结果。事实上雷阵雨的雨滴谱不仅是在降水初期有大雨滴，而且几乎所有雷雨雨滴谱都有大水滴多这样的特点，何况他取到的最大雨滴直径只有4毫米，这是否能够破碎还有问题。

1962年7—8月我们在泰山用吸水纸方法对雷阵雨的雨滴谱作连续取样观测。本文仅就7月21日和8月14日二次大雷雨的资料进行分析，其他资料另文讨论。

为了了解雷雨云水平结构(雨滴谱、含水量、降水强度诸参量)的不均一性，我们在泰山顶的三个地点同时进行观测(见图1)，各站间距约400米左右，相对高度差不足100米。山上相对湿度较大，并且下雨时经常有碎云接地，因此基本上可以忽略由于高度差而引起的雨滴的碰并增长和蒸发作用。在取到初始雨滴后，每逢10分，20分……取样一

图 1

· 49 ·

图片摘自中国科学院地球物理研究所集刊第10号《我国云雾降水微物理特征的研究》

（科学出版社，统一书号：13031.2148，1965年8月第一版）

泰山一次雷雨雨滴譜观测結果

何珍珍

1962年7月22日在高空700毫巴天气图上华北有一个冷低涡，低涡中心在渤海湾附近，华北高空冷平流很强。地面图上横貫山东省有一条冷锋，冷锋约在当天下午过泰山。由于它的影响，这天泰山下了一次比较大的雷陣雨。我们在泰山极頂玉皇頂測試用吸水紙法观測了雨滴譜。那天下午降水分三个阶段。

第一阶段，降水从16时42分开始，到16时54分停止，在16时48分貧有降雹。当时雷雨云未接地。

第二阶段，降水从17时35分又开始，到17时55分停止。

第三阶段，从19时09分降水又开始，雷雨云接地，頃刻閃电打雷非常剧烈。在19时18分后因測站处于雷雨云中心，直接受到了雷电袭击，工作无法进行，故停止观測。

对这次降水过程中所得的資料进行了分析，发现下面一些有趣的现象。

1. 有直径超过6毫米的特大雨滴出現

第一阶段，从16时42分开始，降水后6分钟（即16时48分）就降冰雹。在降雹时，观測到有特大雨滴出現，最大雨滴的直径达7毫米以上（图1）。在当时同一张紙上，直径超过6毫米以上的雨滴也实測到四、五个，而且一般的雨滴也都是直径超过2毫米的大雨滴。但总濃度很稀，每立方米仅0.09个，雨强也很小，仅0.178毫米/小时。

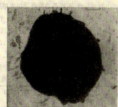

图1 1962年7月22日16时48分降雹时所观測到的特大雨滴直径为7.3毫米

(地点，泰山玉皇頂，图中雨滴直径的直径为61毫米，相当于雨滴直径7.3毫米)

第二阶段，在刚开始降水时，也发現有直径大于6毫米的特大雨滴，且絕大部分雨滴直径是大于2毫米的。

第三阶段，19时13分后云底接地，閃电打雷非常厉害。雷雨云中心已到达測站，这时接連数次观測到有特大雨滴。如我们在19时15分和19时16分都观測到有直径大于6毫米的雨滴（图2）。当时雷电变宜，19时18分观測地点有球状閃电落地。这种大雨滴的出現可能与雷电有一定的关系。

总之，从这天的雷雨云降水过程中，所取得的十五份資料里，发現直径大于6毫米的

南岳和泰山云中微結构起伏資料的初步分析

詹丽珊 陈万奎 黄美元

一、引 言

近年来的理論工作[1-3]表明，云中气流微結构的不均匀性，即这些量在时間、空間上不同尺度的起伏，对云滴生长、降水和冰雹的形成有着极其重要的意义。建立在这一基础上的理論比以往的均匀模式（即基于云中气流、微結构均匀分布的理論）优越得多。它能解释不少过去不易理解的重要现象。事实上，云雾观測者都很清楚，云中微結构远非是均匀的，特别是在发展旺盛的积云中，云滴濃度时大时小，含水量也有大有小。但是，有意識地给予注意并进行測量还只是近十年来的事情。某些飞机观測[4-6]指出，云中水平方向上云滴濃度是不均匀的，起伏尺度约在百米上下。Л. Лепин[7]在高山云雾观測中首先表明，就是在一米左右的小尺度范围内，云的微結构也存在着起伏。以后黄美元[8,9]进一步研究了积云中不同大小尺度的微結构不均匀性，并把它和垂直气流联系起来。尽管如此，在这方面的資料仍比较貧乏。由于对这种微結构起伏量的特征以及不均匀性的规律了解尚少，以致远不能满足云雾物理研究的需要。

在1962年4—5月（在南岳）和7—8月（在泰山）的云雾降水綜合观測中，云中微結构的起伏是重点观測項目之一。观測所用的仪器及資料整理方法与通常一样，所不同的是：在每一取样片上，我们不再是只照几张底片作为全部样片的代表，而是自始至終一个接一个地照相。这样，从每一取样片上可以获得30到60张底片，也就是在2秒钟内可以得到几十个样品，从而可以分析其起伏情况。

二、分析方法

云滴在空間的分布是不連續的，因此与其它連續分布量（如温度等）不同，云滴濃度及其它参量的观測都会由于取样体积有限造成起伏，所以在处理观測資料时必须扣除由于观測取样体积有限而造成的起伏量。

由概率論[10]知道，当平均云滴濃度为$\overline{N}$时，在取样体积ω中，取得n个云滴的概率服从于泊松分布：

$$P_n(\omega) = \frac{(\omega\overline{N})^n}{n!} e^{-(\omega\overline{N})}$$

为了便于比较，并去掉平均值的影响，我们用无因次量δ来表示某量的起伏量，其定

中央气象局在泰山开展人工影响天气试验(1963年)

THE CENTRAL METEOROLOGICAL ADMINISTRATION CONDUCTS WEATHER MODIFICATION EXPERIMENTS IN MOUNT TAISHAN

1963年11月，时任中央气象局观象台副台长的程纯枢安排酆大雄等2人前往泰山气象站，进行了为期两个月的雪晶观测，并燃烧碘化银，进行人工消雾试验。

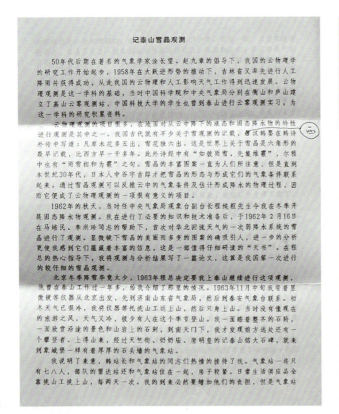

中国气象科学研究院酆大雄关于1963年11月在泰山开展雪晶观测情况的回忆文章

1958年，在泰山顶组织了人工增雨试验

"挑山"精神 <<<<<<
"PICKING MOUNTAIN" SPIRIT

"应载入史册。这是我党、我军、我站的传家宝。我来泰山第一天担行李上泰山，在老同志带领下，几乎年年挑煤挑粮，练出一副铁肩。虽回到了故乡（浙江绍兴），看看平原城市气象部门轻松自在，想想高山站同志，为了观风云、测天气，给国家及国民经济建设做出的贡献，泰山站这传统似乎历历在目"

——章祖湧 "挑山"劳动亲历者 1972.04.11—1977.10.20在泰山气象站工作

山高路远，很多物品只能由人挑运上山。为了解决山上运输困难、生活调剂不便的难题，也为了减轻国家负担，泰山气象站发扬朱德总司令"一根扁担"的精神，向山上驻军学习，开展"挑山"劳动。职工休班回站时每个同志都挑运吃的、用的物品，少的能挑五十多斤，多的能挑七八十斤，最多的挑近百斤。

"挑山"劳动由当时的负责人、副站长韩继振同志发起。据泰山气象站原站长侯振西回忆，"1965年到1979年14年的时间里，我们往山上挑的东西超过了5万斤。虽然节约的运费总金额不算大，但是锻炼了站上同志的革命意志，养成了艰苦奋斗、勤俭节约的好习惯，反过来促进了业务质量的提升。"

在韩继振、侯振西等老一辈气象人身上，我们看到了他们对气象事业"一枝一叶总关情"的深厚情感和"埋头苦干、勇挑重担、永不懈怠、一往无前"的泰山"挑山工"精神。

泰山气象站职工在站内合影（摄于1976年左右）
左起为：李振吉、侯振西、李杏彬、邓门金、章祖湧、王其富

"挑山"劳动发起人韩继振

"挑山"劳动接续负责人侯振西

侯振西回忆"挑山"劳动故事视频

开荒种地 <<<<<<
BRING WASTELAND INTO CULTIVATION

　　泰山气象站的同志们发扬自力更生、艰苦奋斗的精神，在泰山顶开田种地。虽然一块块只有巴掌大，但是他们的精神世界是广阔的。他们要像种子一样在泰山发芽、生根、开花、结果。

深夜爬杆 <<<<<<
THE WIND IS DRY AT NIGHT

　　"冬季山顶上的大风、暴雪、雨凇、雾凇等是经常发生的。处于云雾山中，气温在零下十几度，电台天线、电话线上的雾凇雨凇直径最大能达到一尺多厚，经常要清除，特别困难是夜间要爬到十多米高的风向杆上清除风杯上的雾凇雨凇，它直接影响实测记录的准确性，就是白天也不是容易的事，夜里更加困难，风大，杆滑，夜黑危险性较大，必须认真对待，精心组织，几个人协同作战，绑好保险绳，用大电筒照明，传递工具，轮换作业，确保观测记录数据完整准确，大家保持解放军一不怕苦、二不怕死的革命精神，完成艰巨任务。"

——摘自顾永槐同志回忆文章

业务学习 <<<<<<
VOCATIONAL STUDY

泰山四女 ‹‹‹‹‹‹
FOUR DAUGHTERS OF MOUNT TAISHAN

泰山气象史上迄今为止仅有四位女同志在山上工作过，分别是张天恩、黄珊珊、刘桂英、陈桂瑛。

1956年6月，顾永槐和黄珊珊同志在泰山顶举行婚礼，成为泰山气象站第一对夫妻、革命伴侣。

1957年，顾永槐与黄珊珊的大女儿在泰山出生，为了纪念孩子在泰山出生，取名顾岱茹。

黄珊珊同志也是第一位在泰山气象站工作的女同志，除了生孩子期间下山一个月之外，其他时间都坚持在站值班。

黄珊珊　在泰山气象站工作时间：1956.06—1958.12

张天恩　在泰山气象站工作时间：1956.11—1958.12

刘桂英　在泰山气象站工作时间：1956.11—1958.07

陈桂瑛　在泰山气象站工作时间：1962.04—1962.09

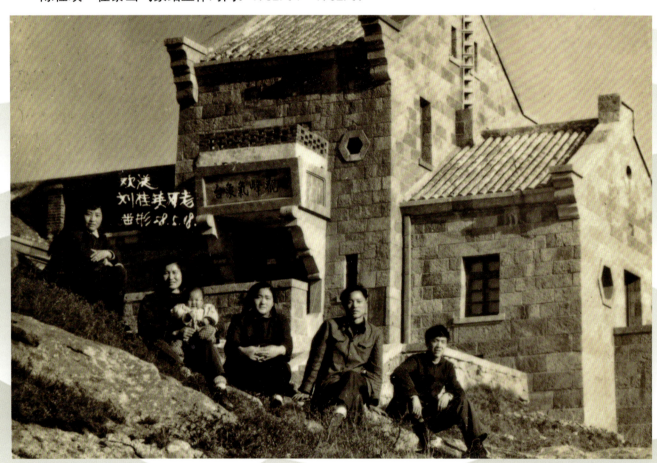

1958年7月欢送刘桂英同志合影
张天恩（左一）、黄珊珊（左二）、刘桂英（左三）、顾永槐（左四）、刘振华（左五），怀抱的婴儿为顾岱茹

黄珊珊：《工作在泰山顶上》 <<<<<<
HUANGSHANSHAN: WORKING ON THE TOP OF MOUNT TAISHAN

黄珊珊与顾永槐夫妇合影

陈桂瑛

1962年4月至9月在泰山气象站工作

扫码观看完整版
黄珊珊：《工作在泰山顶上》

刘桂英：《泰山，我的革命工作第一站》 <<<<<<

LIUGUIYING: MOUNT TAISHAN, THE FIRST STOP OF MY REVOLUTIONARY WORK

扫码观看完整版
刘桂英：《泰山，我的革命工作第一站》

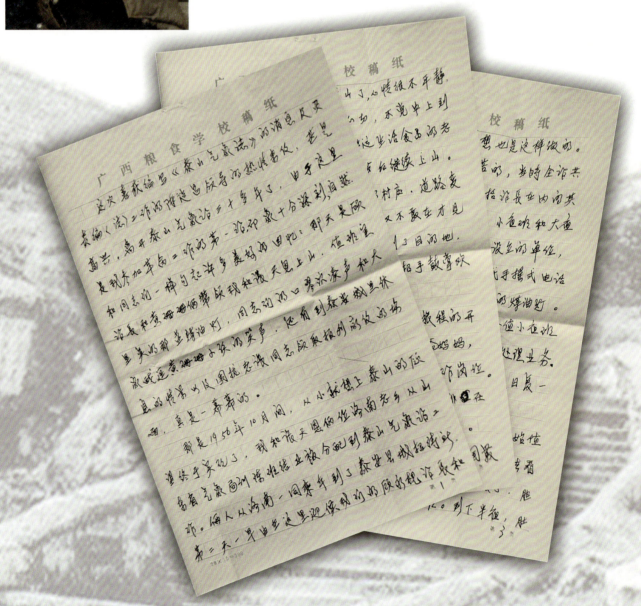

张天恩：《不忘泰山—我的启蒙之地》<<<<<<
ZHANGTIANEN: NEVER FORGET TAISHAN—THE PLACE OF MY ENLIGHTENMENT

扫码观看完整版
张天恩：《不忘泰山——我的启蒙之地》

不忘泰山——我的启蒙之地

作者：张天恩　（原泰山气象站日观峰观象站工作人员）

1956年6月1日，我到山东省气象局开办的短期培训班学习气象观测，那时，我年龄才只有17岁。

开学第一天，省气象局领导给我们新学员讲话，他很激动地说："为了健全山东省各市、县气象站网，你们这批学员就是山东省第一批气象观测哨兵。"这句话，至今我仍没有忘记，它深深地印在我脑海里。这句话给了我勇气，给了我信心和力量，也使我有了一点傲气。半年之后，培训班毕业，1956年11月1日，我满怀激情踏入了我人生的第一所社会大学校——山东省泰山气象站。

我在泰山气象站工作的时间只有两年，虽然，这两年的时间对于一个人漫长的一生来说，实在是太短暂了，然而，由于泰山气象站特殊的自然条件，特殊的社会环境，真正地锤炼了我的体能，塑造了我的性格。

在东岳泰山的极顶之上，有一座孤零零的小院落，那就是我生活、学习、工作了两年之久的泰山气象站。它是在解放后重新组建起来的。从1953年开始，又有了按新规范进行的气象资料的观测和记录。当时的建站带头人，也就是我工作时的站长——顾永槐同志。他是一位军人出身的干部，又是业务带头人。因此，气象站的工作、学习和生活，都是按照部队化的标准。顾站长本人很严肃，但又很善良，他要求我们站的全体人员（包括炊事员）都要象解放军战士一个样。

到站的第一天，刚吃过早饭，大家都坐在办公室里，顾站长给我们讲述泰山气象站的情况和今后工作的要求。当时他说的一句话，至今我仍记忆犹新，不仅长时间在我耳边回荡，而且对我今后的工作都有很大影响。他说："今后你们每个同志在值班做观测时，一定要有责任心，还要不断加强这个责任心，一定要认真地去观测和记录各种气象资料，自然现象的起止时间，一定要准确无误，因为这些气象资料对祖国的建设关系非常重要。每月的观测薄和月报表上，都有每个同志的签名，大家要把本人的大名签得工整一些，即使你本人不在泰山气象站工作了，但你的大名却永远地保留在你所观测过和做过的表薄上。"这句话，确实兑现了。

由于泰山气象站的条件……工作、学习、生活的情景使……没有，每天值小夜班，都要……压自记纸做出来。自记纸的……昏暗，经过两年以后，我的……视眼，带上了二百度的近视……眼了，这也是年轻时在煤油……

夏天，在山顶工作也是……雷电就好象打在自己的头顶……那么大，就象瓢泼一样，在……水量。每年6月份，山顶上……湿，墙上都发了霉。这个时……动，象是给泰山戴上了一顶……而山上却是对面不见人的大……

到了冬天，更加难进，值……窖。当时，只有办公室和值……度时，在有雾、有雪……伴着……似上会结上厚厚的一层冰，……无法记录了。要排除这样的……有心而无力。当时，站上有……种情况，二话不说，穿上……旧的难以御寒的皮大衣，现……上一副的工作服，喝上几口……向竿顶，用手和螺丝刀去刨……去挖冰。等他排除了故障，……连话都不会说了。还有，……如果不敲下这些冰块，就会……话班的一位同志得到消息，……山顶这一段路极其难走，使……一直打到站上，排除积冰，……干完活，往往只是喝几口白……连他的姓名都没有留下，真……难忘。

当时，站上有一位50……

……志（包括孟大爷在内），但却来……不同省区，尤以南方人居多，真……适合大家各种口味的饭菜，连北……牛菜芽等，上级特别照顾，伙食的……艰苦卓绝的条件下，我的身体难以……是个小伙子，叫大爷，个头虽……住中无大门，是一个十分憨厚的……他早饭后下山去，把同志们要发……的微菜、菜、物，晚上再将二百……到达山顶，多半是晚上8、9……新的报纸，听听收音机，就……那时，一切的需用，全靠大亭的……

……志。没有水喝，下了大雪，站……外面的山坡上铲雪，一盆一盆……外面不大的小池子，积满……游玩：站长用一个大木盆作都……重新建起来，水缸全干了，只好另想办法……饶了几步枪和一些手榴弹，……每周擦一次枪。星期天，站长……山采摘鹿角菜、泰山鸡（把……上回来就改善生活，美美地吃……山后，吃过所有的饭菜，都比……

……汽灯擦得贼亮的，到年卅晚上，……比起平日萤火大如豆的煤油灯……为了节约，只能用煤油灯了……灯下围坐一桌，玩麻将牌，心……但还有一块平地，放一只篮球……投投篮，运动运动。站上还有……山，由于下一次山相当难，当……一个月下一次山，洗澡理发……澡理发。就是在这种生活环境……第、亲姊妹，从领导到一般同……

69

摄影：曲业芝

风云前哨第一站

庆祝泰山气象站建站90周年暨泰山气象文化建设项目巡礼

展翅腾飞

SPREAD WINGS AND FLY

1978至今

　　1978年，乘着改革开放的春风，泰山气象站迎来了发展的春天，新建雷达楼，扩建观测场，修缮职工宿舍，业务质量和职工生活质量都得到了较大提高。党的十八大以来，泰山气象站抓住飞速发展的黄金时期，天气雷达升级为新一代双偏振多普勒，地面气象观测业务实现全自动化，以王德众、赵勇为代表的泰山气象人大力弘扬新时代泰山"挑山工"精神，接续奋斗，把泰山气象事业推向更加辉煌的明天。

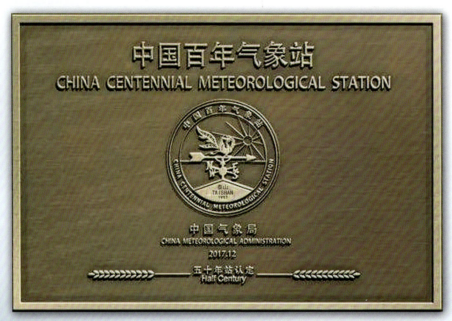

2018年5月30日，中国气象局印发关于公布首批百年气象站名录的通知，泰山气象站成为第一批中国百年气象站（七十五年认定）。

2013年1月1日，经中国气象局批准，泰山气象站站类由国家基本气象站调整为国家基准气候站。

山东省不可迁移气象台站

山东省人民政府
2017年5月22日公布

2017年5月22日，山东省人民政府印发关于公布山东省第一批不可迁移气象台站名录的通知，泰山气象站成为山东省首批3个不可迁移台站之一。

摄影：赵勇

山东海拔最高的天气雷达站(海拔1545.8米) <<<<<<

THE HIGHEST WEATHER RADAR STATION IN SHANDONG (1545.8 m ABOVE SEA LEVEL)

1983年，泰山第一部天气雷达——713测雨雷达建成

　　泰山713测雨雷达架设在海拔1500米左右的泰山之巅，它"一览众山小"的高度优势使之比平原雷达探测距离增大45%左右，能探测到500公里范围内的中等强度降水天气，为山东乃至华东、华北灾害性天气监测预警发挥了重要作用。

| 1 | 2 |
| 3 | 4 |

1. 713雷达天线运抵南天门
2. 713雷达室外天线
3. 人工吊装713雷达天线
4. 713雷达控制台

2006年，泰山新一代天气雷达建成

新一代天气雷达凭借多普勒效应探测降水云的移动速度及内部结构特征，完全自动化运行，每7分钟可自动生成一批有关降水云团内部结构特征的三维探测数据产品，定量评估雷电、大风、冰雹等强对流天气的降水强度、回波强度，大大提高了气象部门对强对流天气的监测预警能力。

2020年，泰山新一代天气雷达升级为双偏振多普勒天气雷达

新一代双偏振天气雷达通过双极化技术同时发射水平和垂直极化的电磁波，从而对云雨结构、类型和降水过程特征进行更为完整、精细的认识和识别，有效提高强对流天气的监测预警能力。

2005年11月，713型测雨雷达升级为新一代多普勒天气雷达，并于2006年试运行。图为多普勒雷达天线运输及安装场景

2007年1月6日，泰山新一代天气雷达通过中国气象局验收

2020年，泰山C波段新一代天气雷达升级为C波段双偏振多普勒天气雷达

中国第一个高山自动气象站
在泰山建成(1986年) <<<<<<

　　1986年11月，我国第一台高山自动气象站在泰山气象站建成并投入运行。该站由中国气象科学研究院从日本横河机电株式会社引进，型号为JMA-80型，具备压、温、湿、风、降水、日照、蒸发等基本气象要素观测能力，观测数据每5分钟通过UHF发射单元传输到山东省气象局，每3小时通过同步卫星传输到日本气象厅和北京气象中心。该站的风感应器具备冬季电加热防冻功能，感雨器具备观测液态降水和固态降水的起止时间、降雨量能力。

2003—2004年，自动站与人工站平行观测
2005年1月1日起单轨运行

气象观测全面自动化运行（2020年）<<<<<<

摄影：陈善炳

2020年4月1日，根据中国气象局《关于全国地面气象观测自动化改革正式业务运行的通知》要求，泰山气象站地面气象观测自动化改革从试运行切换为正式业务运行，台站的人工定时观测和日常守班等观测任务取消，观测数据传输用时由分钟级提高至秒级，传输频次从5分钟提升至1分钟，观测业务工作量平均减少约30%，泰山气象站地面气象观测实现全面自动化，气象现代化建设迎来标志性的重大进展。

我国第一个高山气象自动观测站在泰山建成

泰山，五岳独尊。

杜甫诗曰：会当凌绝顶，一览众山小。由于其独特的地理位置和泰山顶多变的气候，泰山气象站被列为国家基本站和航危报站。她除了每天常规的气象观测外，还随时向民用、军用机场报告天气实况。

1986年，我国从日本引进的第一个高山气象自动观测站，在日本专家、国家气象局气象科学研究院、山东省气象局和泰安市气象局工程技术人员的通力合作下，于11月底，在泰山顶安装、调试完毕，并开始运转。它实时地将观测数据通过卫星发到日本气象厅处理后发回北京而转报全国使用。

建立高山气象自动观测站，在我国尚属首次。1986年，我国从美国、日本共引进5套气象自动观测站，其中从美国引进的两套用于沙漠，从日本引进的三套中，有两套用于高原，

另一套用于高山，建在海拔1500多米高的山东泰山气象站内。

这套高山气象自动观测站，与国际上其它自动观测站相比，具有观测要素多、处理功能强、自动化程度高等特点，在世界气象自动观测站中居先进水平。该自动站的整个系统主要有传感器、模数转换和数据处理、数据通讯、资料接收和电源5部分组成。它可以使我们在无人置守的情况下，连续不断地获取泰山顶上的宝贵气象资料，并能对这些资料自动加工处理，从而大大提高气象资料的连续性和准确性，减轻艰苦台站气象工作人员的劳动强度，对加快我国气象现代化建设的步伐具有重要意义。

目前，该自动站正在进行对比观测试验，以便进一步改进完善。（省气象局办公室）

图片摘自《中国气象年鉴（1987）》P174，气象出版社出版 ISBN 7—5029—0064—0/Z .0003，1987年10月第一版

山东第一部大气电场仪
在泰山投入运行（2004年）《《《《《

THE FIRST ATMOSPHERIC ELECTRIC FIELD INSTRUMENT IN SHANDONG
WAS PUT INTO OPERATION IN TAISHAN (2004)

2004年5月，山东气象部门第一部大气电场仪在泰山投入运行

2018年11月，光电式日照仪投入使用，代替了人工观测

山东第一台高山燃烧式人工增雨装置
在泰山投入运行(2005年) <<<<<<

SHANDONG'S FIRST COMBUSTION TYPE ARTIFICIAL PRECIPITATION ENHANCEMENT DEVICE WAS PUT INTO OPERATION IN MOUNT TAISHAN (2005)

2005年9月,山东第一台燃烧式人工增雨装置在泰山投入运行

2009年12月,更换为新一代高山人工影响天气燃烧炉

安装在泰山馍馍顶的人工影响天气设备

中国大气环境研究标志性监测点 ‹‹‹‹‹‹

CHINA'S LANDMARK MONITORING POINT FOR ATMOSPHERIC ENVIRONMENT RESEARCH

　　泰山是华北平原最高峰，1534米的海拔高度保证了其较地面站更少受到局地污染源的影响，而地理位置使得泰山仍受到区域污染的影响，可以较好地代表华北区域背景大气的环境特征。泰山山顶处于大气边界层顶与自由对流层下层，是研究华北地区大气污染物长距离输送以及污染物在大气边界层和自由大气交换过程的理想站点。

2003年以来，中国科学院、中国气象科学研究院、山东大学、南京信息工程大学、复旦大学、中国矿业大学等科研机构和高校的数十项国家重点研究项目把泰山作为观测地点之一。泰山气象站发挥地理位置优势，紧密与各科研机构和高校展开合作，共同开展大气成分观测和研究。

摄影：王立山

中日科学家合作在泰山顶开展"泰山实验（MTX2006）"

CHINESE AND JAPANESE SCIENTISTS COOPERATED TO CARRY OUT THE "MOUNT TAISHAN EXPERIMENT (MTX2006)"

2006年6月，中日科学家合作在泰山顶开展"泰山实验（MTX2006）"，对中国中东部区域臭氧光化学和气溶胶进行研究，分析了气溶胶中水溶性离子的浓度及其粒径分布特征，探讨了大气气溶胶的来源、形成机制以及输送规律。项目观测点设在泰山气象站院内，中国科学院大气物理研究所王自发教授、复旦大学庄国顺教授等参加实验，共发表论文19篇。

The Mount Tai Experiment 2006 (MTX2006): regional ozone photochemistry and
2006年泰山实验（MTX2006）：中国中东部区域臭氧光化学和气溶胶研究

注：论文及发表单位中文名称由机器翻译自英文

编号	论文名称	发表年份	第一作者	通讯作者	发表单位
1	2006年6月在华北平原深处使用MAX-DOAS测量对OMI对流层NO2柱数据的验证2006年泰山实验	2008	H. Irie	H. Irie	日本海洋地球科学技术厅
2	MTX2006期间中国中东部近地面臭氧源分布和流出	2008	Jie. Li	Jie. Li	日本海洋地球科学技术厅
3	东亚季风对中国东部和西太平洋地区边界层臭氧季节行为的重大影响	2008	Y. J. He	Y. J. He	九州大学
4	2006年6月中国中东部四种仪器测定的炭黑质量浓度	2008	Y. Kanaya	Y. Kanaya	日本海洋地球科学技术厅
5	2006年6月中国中东部地区光化学臭氧产生速率和状况：使用臭氧前体物综合测量的箱式模型分析	2009	Y. Kanay	Y. Kanay	日本海洋地球科学技术厅
6	东亚城市、山区和海洋大气中正构烷烃、多环芳烃和霍帕烷及其来源的粒度分布		G. Wang	G. Wang	地球环境研究所
7	2006年泰山实验(MTX2006)：中国中东部挥发性有机化合物的测量（MTX2006）：生物质燃烧的区域背景和影响观察	2010	J. Suthawaree	J. Suthawaree	东京都立大学
8	2006年6月，在中国泰山山顶的一次密集野外活动中，非甲烷挥发性有机化合物的PTR-MS测量	2010	S. Inomata	S. Inomata	国家环境研究所
9	2006年泰山实验（MTX2006）期间露天作物残留燃烧对中国中东部空气质量的影响	2010	K. Yamaji	K. Yamaji	日本海洋地球科学技术厅
10	东亚夏季风对中国中部夏季降水酸度长期变化的影响	2011	B. Z. Ge	Z. F. Wang	中科院大气物理研究所
11	2009年春季中国中部和东部华山和泰山大气气溶胶观测——第1部分EC、OC和无机离子	2011	G. Wang	G. Wang	地球环境研究所
12	中国中东部泰山山顶气溶胶的化学特征	2011	C. Deng	G. Zhuang	复旦大学
13	日食对中国不同地区光氧化剂的影响	2011	J.-B. Wu	Z. F. Wang	中科院大气物理研究所
14	2009年春季中国中部和东部华山和泰山大气气溶胶观测——第2部分：沙尘暴对有机气溶胶组成和大小分布的影响	2012	G. H. Wang	G. H. Wang	中科院大气物理研究所
15	华北平原泰山上空大气气溶胶中有机分子示踪剂和稳定碳同位素组成的日变化：生物质燃烧的影响	2012	P. Q. Fu	P. Q. Fu	北海道大学
16	从泰山和芒山（中国）的环境空气中采样的气溶胶颗粒对HO2自由基的总吸收系数的测量	2013	F. Taketani	F. Taketani	日本海洋地球科学技术厅
17	泰山大气中气态和颗粒状羰基（乙醇醛、羟基丙酮、乙二醛、甲基乙二醛，壬醛和癸醛）的测定	2013	K. Kawamur	K. Kawamur	北海道大学
18	2006年6月在中国华东地区中部进行的泰山实验（MTX2006）概述	2013	Y. Kanaya	Y. Kanaya	日本海洋地球科学技术厅
19	小麦燃烧季节华北平原山顶气溶胶中水溶性二羧酸、酮羧酸和α-二羰基的高丰度	2013	K. Kawamur	K. Kawamur	北海道大学

摄影：王立山

山东大学连续二十年监测研究泰山大气环境
王文兴院士领衔实施 《《《《《

SHANDONG UNIVERSITY HAS STUDIED THE ATMOSPHERIC ENVIRONMENT OF MOUNT TAISHAN FOR 20 CONSECUTIVE YEARS
ACADEMICIAN WANG WENXING LED THE IMPLEMENTATION

　　自2003年开始，山东大学环境研究院、山东大学环境科学与工程学院依托多个国家、省和学校科研项目，在泰山气象站开展大气环境监测研究，涉及气溶胶、臭氧、酸雨、污染物远距离和垂直输送等多个领域。2007年，依托国家973项目，联合泰山气象站建设了山东大学泰山大气环境观测站。2017年，在国家重点研发计划课题的资助下，新建设了自动运行、自动标定、动态除湿、可远程操控的智能化泰山大气环境观测站，为我国区域大气污染成因分析与防控对策研究提供了重要的技术平台与基础数据。

2021年7月24日，中国工程院院士、山东大学终身教授王文兴（中）一行到海拔1534米的山东大学泰山大气环境观测站进行调研考察，看望了正在开展区域大气污染观测任务的驻站学生

（照片来源于山东大学环境研究院）

2007年3月27日，王文兴院士（第三排右三）在依托国家"973"项目建设的山东大学泰山大气环境观测站与山东大学、香港理工大学师生合影

（照片来源于中国科学家博物馆）

安装在泰山气象站地面气象观测场内的大气成分观测仪器

中国气象科学研究院开展泰山大气成分研究
张小曳院士领衔实施 <<<<<<

CHINA ACADEMY OF METEOROLOGICAL SCIENCES CONDUCTS RESEARCH ON THE ATMOSPHERIC COMPOSITION OF MOUNT TAISHAN ACADEMICIAN ZHANG XIAOYI LED THE IMPLEMENTATION

　　2010年7月至2011年7月，中国气象科学研究院依托国家重点基础研究发展计划（973计划）"气溶胶-云-辐射反馈过程及其与亚洲季风相互作用的研究"（编号2011CB403401）在泰山气象站开展气溶胶和黑碳（BC）等观测，分析研究了云凝结核分粒径活化率谱、气溶胶数谱分布、散射系数和黑碳（BC）质量浓度等项目。

摄影：赵勇

2010年7月，中国气象科学研究院在泰山气象站开展气溶胶和黑碳（BC）等大气成分观测时建设的大气成分观测方仓（上图左下角建筑物）

张小曳院士在工作

（照片来源于中国工程院院士馆）

中国科学院在泰山开展臭氧观测和研究 <<<<<<
CHINESE ACADEMY OF SCIENCES CONDUCTS OZONE OBSERVATION AND RESEARCH IN MOUNT TAISHAN

2004年5月，中国科学院大气物理研究所对泰山的臭氧进行连续1个月的观测，初步分析了泰山春季臭氧污染特征。

环 境 科 学 研 究

第 19 卷　第 5 期　　　Research of Environmental Sciences　　　Vol. 19, No. 5, 2006

泰山春季臭氧污染特征

边　智[1]，李　杰[2]，王喜全[2*]，POCHANART Pakpong[3]，王自发[2]

1. 山东省泰山气象站，山东 泰安　271000
2. 中国科学院 大气物理研究所 竺可桢 – 南森国际中心，北京　100029
3. 全球变化研究所，横滨　236001，日本

摘要：采用紫外光度法，使用美国热电子公司的TECO model49c型紫外吸收式臭氧分析仪，对2004年5月泰山站的地面臭氧进行监测，以获得更具华北区域代表性的臭氧春季污染特征. 结果表明：2004 年 5 月泰山站 $\varphi(O_3)$ 的月均值为 64 $\mu l/m^3$，变化幅度达到 53 $\mu l/m^3$；其频率分布呈单峰性，主要集中于 55~ 75 $\mu l/m^3$，与济南站的分散型和区域背景站 Cape D' Aguilar 的双峰型分布有明显的不同；泰山 $\varphi(O_3)$ 有明显的日变化特征，变化幅度(19 $\mu l/m^3$)远大于中国西部的瓦里关站，这可能与泰山处于中国东部，尽管距地面较高，但不可避免地受到区域性的污染有关.

关键词：臭氧小时体积分数；频率分布；日变化

中图分类号：X515　　文献标识码：A　　文章编号：1001 – 6929(2006)05 – 0036 – 04

中国气象局在泰山开展山基GPS掩星观测试验 <<<<<<
CHINA METEOROLOGICAL ADMINISTRATION CONDUCTS MOUNTAIN BASED GPS OCCULTATION OBSERVATION AT TAISHAN METEOROLOGICAL STATION

2006年9月6日，中国气象局在泰山气象站开展山基GPS掩星观测试验

南京信息工程大学开展泰山大气成分观测和研究 <<<<<<

NANJING UNIVERSITY OF INFORMATION ENGINEERING CARRIED OUT THE OBSERVATION AND RESEARCH ON THE ATMOSPHERIC COMPOSITION OF MOUNT TAISHAN

2017年5月至6月，南京信息工程大学在泰山气象站开展了针对气溶胶光学性质、大气冰核、气溶胶谱分布等项目的高海拔地区地基综合观测实验。

南京信息工程大学开展了气溶胶光学性质、组分等的山上、山下对比观测
图为设在泰安市气象局院内的山下采样点

全国气象部门第一批酸雨观测站（1990年）《《《《《

THE FIRST BATCH OF ACID RAIN OBSERVATION STATIONS OF THE NATIONAL METEOROLOGICAL DEPARTMENT (1990)

1990年1月1日起，泰山气象站作为全国气象部门第一批酸雨观测站开始降水pH值和电导率的观测。

降水pH值和电导率观测仪器

2019年9月24日，TCY11型酸雨自动观测系统设备运抵泰山南天门

（照片来源于《泰山晚报》）

2020年，TCYI1型酸雨自动观测系统投入使用

泰山气溶胶质量浓度观测站建成（2016年）<<<<<<

MOUNT TAISHAN AEROSOL MASS CONCENTRATION OBSERVATION STATION COMPLETED (2016)

　　2015年10月28日，山东省气象局观测处印发《山东省气溶胶质量浓度观测站点补充建设实施方案（2015年）》，鉴于泰山对于开展大气边界层气溶胶质量浓度研究具有重要意义，决定建设泰山气溶胶质量浓度观测站。

　　2016年6月，泰山气溶胶质量浓度观测站正式运行，利用在线观测仪器连续观测PM_{10}和$PM_{2.5}$的质量浓度。

泰山气溶胶质量浓度观测站室内采样仪器

泰山气溶胶质量浓度观测站仪器方舱外景

摄影：王德全

气象信息现代化
MODERNIZATION OF METEOROLOGICAL INFORMATION

1985年1月，建立无线单边带传真通信台，向华东、华北发射泰山单站雷达回波图，并转发山东省气象台气象传真图

依托光纤宽带网，2010年开通了山东省气象灾害预警信息共享平台，实现了气象实况资料和气象预报预警信息的实时获取和共享

20世纪80年代初，山东省气象局在泰山气象站建设了甚高频无线电话中继台，承担着每天两次的省市天气会商中继服务和应急通信任务

2008年开通了省-市-县视频天气会商系统。2012年升级为高清视频天气会商系统

自1998年4月开始至2007年1月止，降水报、月报表数据文件、天气报报文、酸雨资料、雷达资料逐步实现网络传输，结束了话传报文历史
2010年安装了航空气象观测报文语音传输系统

中国第一个永久性高山气象站 泰山气象站

2011年安装了地面气象卫星接收小站。气象卫星地面接收站是接收、分析和处理气象卫星向地面发送的卫星云图及其他气象观测资料的地面设施

摄影：徐德力

93

摄影：赵勇

泰山气象科普教育基地始建于2001年8月。时年，山东省科协、山东省教育厅命名为全省科普教育基地。

2003年1月，中国气象局、中国气象学会命名为全国首批气象科普教育基地。

2015年6月，中国科学技术协会命名为全国科普教育基地。

2001年9月18日，山东省科协领导（右三）在省气象局科教处处长、省气象学会秘书长胡光旭（左二）陪同下到泰山气象科普教育基地检查指导工作

2011年，山东省气象部门
新入局大学生参观
泰山气象科普教育基地

泰山国家基准气候站综合改善工程和气象文化建设项目

COMPREHENSIVE IMPROVEMENT PROJECT OF NATIONAL REFERENCE CLIMATE STATION AND METEOROLOGICAL CULTURE CONSTRUCTION PROJECT OF MOUNT TAISHAN

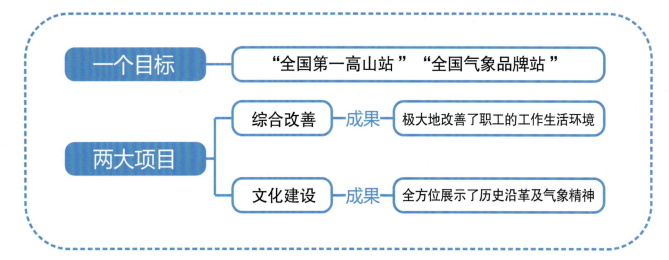

泰山国家基准气候站综合改善工程

中国气象局、山东省气象局十分重视泰山等艰苦气象台站综合改善工作。2016年6月21日，山东省气象局党组书记、局长史玉光专程陪同中国气象局计财司司长谢璞到泰山气象站调研，确定启动泰山国家基准气候站综合改善工程可研报告编制工作。2017年4月，山东省气象局批复同意项目立项，并争取中国气象局安排中央投资459万元用于泰山气象站综合改善，项目于2017年8月16日开工建设，2020年10月31日竣工。

综合改善工程完成了雷达业务用房室内外修缮、院落及房顶防水维修、采暖除湿改造、供电系统改造等。该项目的实施，使站容站貌大为改观，职工工作生活条件显著改善。

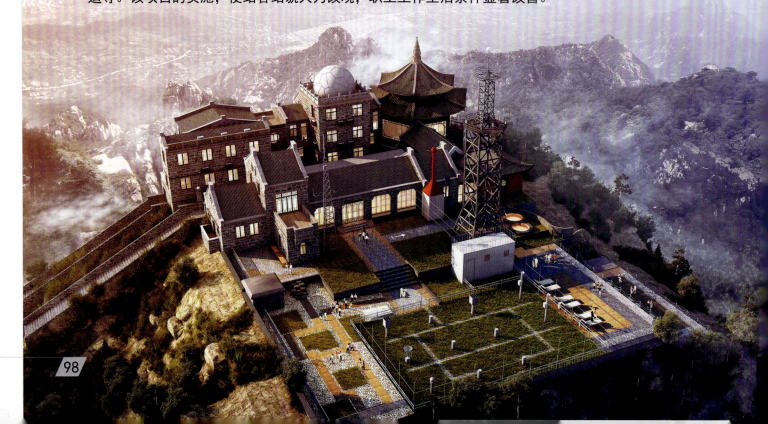

2019年5月29日，中国气象局党组成员、副局长于新文（左三）在山东省气象局党组书记、局长史玉光（左二）陪同下在泰山气象站调研

2016年6月21日，中国气象局计财司司长谢璞（左二）在山东省气象局党组书记、局长史玉光（左三）陪同下调研泰山气象站综合改善工作

2019年6月13日，山东省气象局党组成员、副局长张志光（左一）在泰安市气象局党组书记、局长徐法彬（右一）陪同下检查指导综合改善项目

2020年4月23日，泰安市气象局党组书记、局长姚广庆（左二）检查指导综合改善项目

综合改善项目完成后局部场景一

综合改善项目完成后局部场景二

泰山气象文化建设项目 <<<<<<
TAISHAN METEOROLOGICAL CULTURE CONSTRUCTION PROJECT

　　山东省气象局高度重视气象文化建设。山东省气象局党组书记、局长史玉光多次亲临泰山气象站调研、指导泰山气象文化建设工作。泰安市气象局认真贯彻落实省气象局部署，多方调研编制了泰山气象文化建设项目可行性研究报告，省气象局计财处于2020年8月20日批复同意立项实施，并由省气象局支持资金42.3万元。

　　项目的主要载体为"三个一"，即"一个实体展区""一本泰山气象文化画册""一套泰山气象文化移动展板"。泰山气象文化建设工程为泰山景区增加了新的爱国主义教育阵地，丰富了泰山文化内涵，同时也保护了珍贵历史资料。

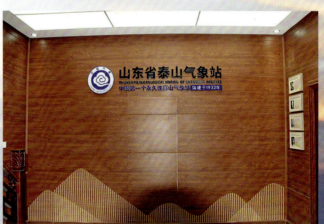

2020年5月22日，山东省气象局党组书记、局长史玉光（左三）在泰安市气象局党组书记、局长姚广庆（右一）陪同下调研指导泰山气象文化建设工作

2020年8月11日，山东省气象局党组成员、纪检组长张劲魁（左二）调研指导泰山气象文化建设工作

2019年11月23日，泰安市气象局党组书记、局长徐法彬（右三）陪同山东省气象局办公室主任孙延廷（右一）调研指导泰山气象文化建设工作

摄影：赵勇

院士与泰山气象站 <<<<<<
ACADEMICIAN AND TAISHAN METEOROLOGICAL STATION

竺可桢

　　竺可桢（1890.03.07—1974.02.07），字藕舫，浙江绍兴东关镇人，国立中央研究院第一届院士、中国科学院第一届院士，中国近代气象学家、地理学家、教育家，中国近代地理学和气象学的奠基者，浙江大学前校长，泰山气象站的缔造者。

程纯枢

　　程纯枢（1914.06.01—1997.02.08），安徽徽州人，生于浙江金华。1936年清华大学毕业后即到泰山工作，为日观峰气象台第一任主任。1980年当选中国科学院院士。曾任中央气象局正研级高级工程师、总工程师、副局长。为我国气象事业的建设发展和引进国外先进技术做出了显著成绩。代表作有《中国天气范型》和《全国农业气候资源调查和农业气候区划》等。

曾庆存

　　曾庆存（1935.05—　　　），出生于广东阳江。中国科学院院士、俄罗斯科学院外籍院士、发展中国家科学院院士，美国气象学会荣誉会员，为数值天气预报和气象卫星遥感做出开创性和基础性的贡献，为大气科学和地球流体力学发展成为现代先进学科做出了关键性贡献。1994年8月，曾庆存到泰山气象站并题词"朝迎旭日　夜探长空，泰山北斗　天地同功"。

王文兴

　　王文兴（1927.11.17—　　），祖籍山东临沂，出生于安徽省萧县，1999年当选中国工程院院士，山东大学终身教授、博导，山东大学环境研究院院长。2002年起山东大学环境研究院与泰山气象站合作开展泰山大气成分观测与研究至今，发表《泰山降水化学及大气传输的研究》《泰山降水的离子组成特征分析》等论文多篇。

秦大河

　　秦大河（1947.01—　　），祖籍山东泰安，出生于甘肃省兰州市，冰川学家和气候学家，中国科学院院士、第三世界科学院院士，中国科学院寒区旱区环境与工程研究所研究员、博士生导师，冰冻圈科学国家重点实验室名誉主任。2002年4月26日，秦大河（时任中国气象局党组书记、局长）到泰山气象站调研。

张小曳

　　张小曳（1963.06—　　），出生于北京，中国工程院院士，中国气象科学研究院研究员、博士生导师，长期致力于大气气溶胶研究，两期气溶胶973项目首席科学家。2010—2011年在泰山气象站开展大气成分观测和研究，现泰山气象站大气成分观测方仓即为张小曳所建。

国际交流与合作 <<<<<<
INTERNATIONAL EXCHANGES AND COOPERATION

1991年3月14日，朝鲜气象水文局局长李健日访问泰山气象站

1991年7月22日—8月1日，朝鲜气象水文局装备通讯处崔勇世等三人（图中打领带者）
在泰山气象站学习713雷达操作维修技术

1993年，日本气象专家（左一）访问泰山气象站

1994年，美国气象专家访问泰山气象站

1994年，法国气象专家访问泰山气象站

2005年6月20日，越南气象专家访问泰山气象站

集体荣誉（部分）

个人荣誉（部分）

张建骐（张健骐）

1984年全国边陲优秀儿女挂奖章活动铜奖
1989年度全国气象部门双文明建设先进个人

侯振西

1982年山东省劳动模范

王德众

2010年全国气象系统先进工作者

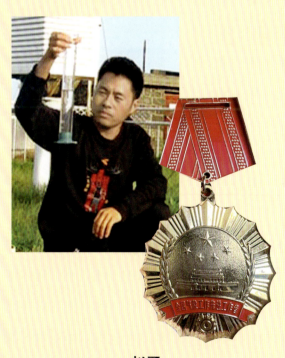

赵勇

2015年全国重大气象服务先进个人

2017年全国气象工作先进工作者

《风云前哨》（1978年）

新中国第一部歌颂气象工作者的新闻记录电影

1978年中央新闻纪录电影制片厂在泰山气象站历时一年拍摄

1978年，《风云前哨》摄影杨永松（右）与泰山气象站侯振西（左）合影

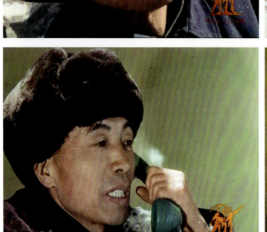

2017年7月14日，《中国气象报》"记录·变迁"栏目刊登了孙彦、徐德力撰写的报道《薪火相传 风华浸远——泰山气象站走过85个春秋》

2018年8月1日，《中国气象报》"副刊·变迁"栏目刊登了韩乾撰写的报道《泰山国家基准气候站：扎根齐鲁测风云 屹立岱顶创辉煌》

影视资料及报道 <<<<<<
FILM AND TELEVISION MATERIALS AND REPORTS

泰安电视台《每周泰山——风云前哨第一站》
泰安电视台《故事人生——王德众》
山东电视台《一张照片》

看过九千多次泰山日出的泰山气象站职工，登上了央视《中国地名大会》的舞台
——泰山气象站副站长赵勇参加了2020年1月11日播出的央视《中国地名大会》栏目

这是中国第一个永久性高山气象站，一代代气象人薪火相传、砥砺奋进，中国气象频道《风云志——中国气象台站纪录》栏目专题拍摄了泰山气象站纪录片

——2007年中国气象频道播出

他们是"山东之美"，山东卫视用镜头记录了这个长年坚守在泰山之巅的气象工作者群体
——2018年4月1日山东卫视《山东之美》栏目播出

1991年

3月14日，国家气象局副局长骆继宾（后排右四）
陪同朝鲜气象水文局局长李健日（后排右五）到泰山气象站参观访问

1993年

8月23日，中国气象局党组书记、局长邹竞蒙
到泰安市气象局调研

1996年

4月22日，中国气象局副局长颜宏（左一）
到泰山气象站调研

2000年

7月25日，中国气象局党组书记、局长温克刚（前排左三）
到泰安市气象局调研

1997年

8月24日，中国气象局党组成员、副局长马鹤年（前排左五）
到泰山气象站调研

2001年

10月26日，中国气象局党组成员、副局长郑国光（前排左四）
到泰山气象站调研

2002年

4月26日，中国气象局党组书记、局长秦大河（左一）
到泰山气象站调研

2007年

8月8日 中国气象局副局长宇如聪（前排左四）
到泰山气象站调研

2002年

10月5日，中国气象局副局长李黄（前排左三）
到泰山气象站调研

2011年

11月1日，中国气象局党组成员、副局长矫梅燕（左二）
到泰山气象站调研

2015年

1月16日，中央纪委驻中国气象局纪检组组长、局党组成员刘实（左二）春节前夕到泰山气象站慰问并调研

2014年

1月16日，中国气象局党组成员、副局长沈晓农（右一）春节前夕到泰山气象站慰问并调研

2019年

5月29日，中国气象局党组成员、副局长于新文（前排左四）到泰山气象站调研

领导关怀 «««««
LEADERSHIP CARE

1991年3月，山东省气象局党组书记、局长刘志刚（后排左五）到泰山气象站检查指导工作

2000年1月1日，山东省气象局党组书记、局长蒋伯仁（右一）到泰山气象站检查指导工作

2005年1月11日，山东省气象局党组书记、局长王建国（前排左三）到泰山气象站检查指导工作

2009年12月31日，山东省气象局党组书记、局长湖涛（左二）到泰山气象站检查指导工作

2020年9月9日，山东省气象局党组书记、局长史玉光（前排左二）到泰山气象站检查指导工作

2021年11月11日，山东省气象局党组书记、局长庞鸿魁（前排左三）陪同
省人大农业与农村委员会主任苏建华（前排左二）到泰山气象站调研

2017年1月10日，山东省气象局党组成员、纪检组长朱键
（左三）春节前夕到泰山气象站慰问并检查指导工作

2020年8月10日，山东省气象局党组成员、纪检组长
张劭魁（左二）到泰山气象站检查指导工作

2021年4月6日，山东省气象局党组成员、副局长张志光
（左七）陪同中国气象局计财司领导到泰山气象站检查
指导工作

2021年4月6日，山东省气象局总工程师李刚（前排左三）
到泰山气象站检查指导工作

泰山气象精神
METEOROLOGICAL SPIRIT

泰山气象精神：
根植岱顶　观云测天　守护齐鲁　敢当奉献

文章：《泰山气象精神的形成、传播及对策研究》

2020年8月8日出版的《中国地市报人》杂志发表了刘立成、徐德力、范沅昆撰写的

Column 学术走廊

泰山气象精神的形成、传播及对策研究

□ 刘立成　徐德力　范沅昆

【摘要】"根植岱顶、观云测天、守护齐鲁、敢当奉献"的泰山气象精神，发韧于竺可桢"为国测天"精神、初现于程纯枢"冒死尽责"精神、凸显于顾永槐"与狼共存"精神，形成于侯振西"挑山拓荒"精神，发展于赵勇"奉献安心"精神。新时代高质量传播泰山气象精神应采取三方面对策，即从讲政治的高度，做好泰山"挑山工"精神与泰山气象"挑山工"精神的融合文章；从讲艺术的程度，打造新时代泰山气象精神的品牌人物和品牌产品；从讲发展的角度，提升新时代泰山气象精神的全球传播质量和效果。

【关键词】泰山；气象精神；传播；对策
DOI:10.16763/j.cnki.1007-4643.2020.08.037

气象精神是指气象行业基于自身特定的性质、任务、宗旨、时代要求和发展方向，并经过精心培养而形成的气象行业成员群体的精神风貌。气象精神是指导气象工作人员日常工作的核心要义，凝练气象精神有利于促进气象事业高质量发展。

气象精神是气象工作的灵魂和气象文化的精髓，"准确、及时、创新、奉献"作为一个整体，传承了不同历史阶段形成的气象精神，表达了气象工作者爱党爱国的坚定立场、服务人民的赤子情怀和爱岗敬业、精益求精、科学求索的价值取向，是对气象工作者职业道德、奉献精神、时代风范的精炼概括，是全体气象工作者共有的精神家园。伟大的事业孕育崇高的精神，做好气象服务，气象工作者使命光荣，责任重大[1]。

凝练气象精神，应力求简洁，便于记忆、践行，应突出气象行业特色，充分体现气象人的工作特色，表现气象人爱党爱国的坚定立场和服务人民的赤子情怀，要与时俱进，体现时代精神，富于时代感[2]。

"根植岱顶、观云测天、守护齐鲁、敢当奉献"的泰山气象精神，是泰山气象人共有的核心价值理念和精神家园。系统考察泰山气象精神的形成与传播的历史、现状，根据新时代的新需求提出高质量传播泰山气象精神的若干对策，具有重要的理论和实践意义。

一、泰山气象精神的形成与发展

泰山气象精神是伴随着泰山气象事业的发展而逐步形成发展的，发轫于竺可桢"为国测天"精神、初现于程纯枢"冒死尽责"精神、凸显于顾永槐"与狼共存"精神，形成于侯振西"挑山拓荒"精神，发展于赵勇"奉献安心"精神。

泰山气象精神发轫于竺可桢"为国测天"精神。第二届国际极年测候计划观测时间为1932年8月1日起到1933年8月31日止，国际极年委员会由丹麦气象研究所长考尔博士主持。1931年考尔博士专函我国的气象研究所，邀请参加，担任中国部分的极年测候工作。竺可桢先生抱着发出中国声音的目的，以"为国测天"精神计划设立两个高山测候所，一个设在四川峨眉山，另一个设在山东泰山。为了建设高山气象站，竺可桢三上泰山。1936年1月1日，我国第一个永久性高山气象站——泰山气象站落成并投入使用。

泰山气象精神初现于程纯枢"冒死尽责"精神。1937年9月，日本侵略军大举进攻华北，华北大地已是炮声隆隆。以程纯枢先生为代表的11位泰山气象观测者，以"未奉训令，即炮火临门，亦不敢擅自行动也"的

122

摄影：王立山

泰山气候概况 <<<<<<
CLIMATE OF MOUNT TAISHAN

　　泰山位于山东省中部，为山东第一高峰，具有明显的高山气候特征，即"长冬无夏，春秋相连"。春季回暖较晚，秋、冬季风大空气干燥，7—8月水汽充沛湿度大，多雾寡照。年平均气温为5.9℃，最冷月（1月）平均气温为-7.6℃，最热月（7月）平均气温为18.1℃；年平均大风日数为158.8天；年平均相对湿度为63%，最大相对湿度为100%，最小相对湿度为0%；雨量充沛分布不均，年平均降水量为1046.2毫米，其中6—9月降水量为662.7毫米，占全年总降水量的63.3%；年平均日照时数为2663.8小时；年雷暴日数为29.2天。主要气象灾害为暴雨、暴雪、雷电、冰雹、大风、雨凇。

注：年、月均值等数据取自30年（1981—2010）统计数据

30年（1981—2010）降水量月平均值和月极值直方图（毫米）

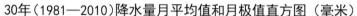
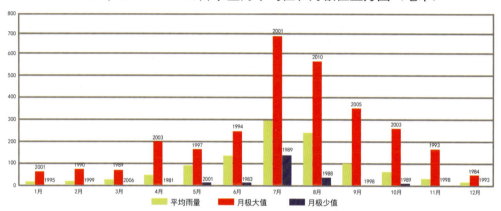

30年（1981—2010）气温月平均值和月极值直方图（℃）

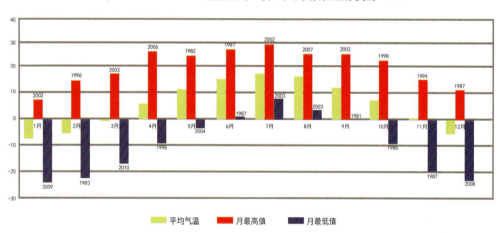

泰山气象站1954—2019年年平均气温变化（℃）

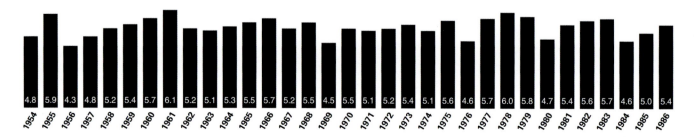

泰山气温 TAISHAN AIR TEMPERATURE

» 年平均气温 **5.9℃**

» 最高气温 **29.7℃**

» 最低气温 **−27.5℃**

泰山降水 TAISHAN PRECIPITATION

» 年平均降水量 **1046.2**毫米

» 最大年降水量 **1839.4**毫米

» 最大日降水量 **219.9**毫米

泰山风速 TAISHAN WIND SPEED

» 8级以上大风年平均日数 **158.8**天

» 极大风速 **42.1**米/秒（14级）

泰山雷电 TAISHAN THUNDER

» 年平均雷暴日数 **29**天

» 最多年雷暴日数 **45**天

» 与雷暴云同高 强度 **大**

泰山雾日 TAISHAN FOG

» 年平均大雾日数 **179**天

» 7月平均大雾日数 **27**天

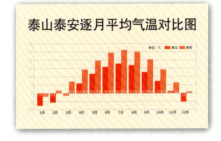

泰山泰安逐月平均气温对比图

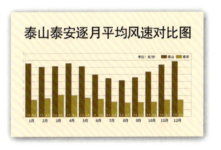

泰山泰安逐月平均风速对比图

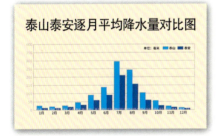

泰山泰安逐月平均降水量对比图

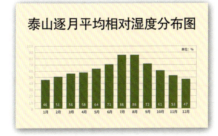

泰山逐月平均相对湿度分布图

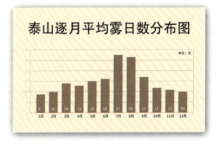

泰山逐月平均雾日数分布图

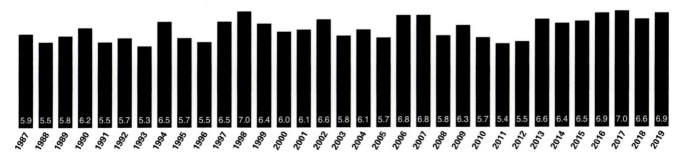

泰山四大奇观 <<<<<<
FOUR WONDERS OF MOUNT TAISHAN

旭日东升

晴朗的清晨，随着繁星渐没，灰蒙的天变黄、变红、变紫，地平线附近突然裂开一条金色的缝隙，太阳从地平线冉冉升起，如果恰巧有云海，太阳的金光穿过朵朵红云向天边射出万道霞光，令人叹为观止。

泰山日出在天空晴朗、能见度好、无云雾的气象条件下一定会出现。从大气环流背景来看，当泰山处于槽后脊前的西北气流内，地面有弱高压带，500百帕高空冷涡中心位置位于38°～55°N，118°～140°E附近，且08时泰安上空为西—西北气流，贝加尔湖到新疆为暖高脊，在这种形势下，次日一般能看到日出。泰山一般在4—6月和9—11月日出概率比较大。春秋季冷暖空气活动频繁，平均每隔3—4天就有一次冷空气侵袭。在冷空气控制时，天空云雾很快消散转为晴天；而偏南风影响时，空气湿度加大，多云雾。只有冷空气以西北偏北路径影响时，观日出才最为有利。泰安前一天或当天下午两点刮西北风，次日泰山顶基本无云雾，多是登顶观日出的良好时机。夏季，雨后且吹西北风时，空气清新，能见度好，次日凌晨泰山日出格外艳丽。

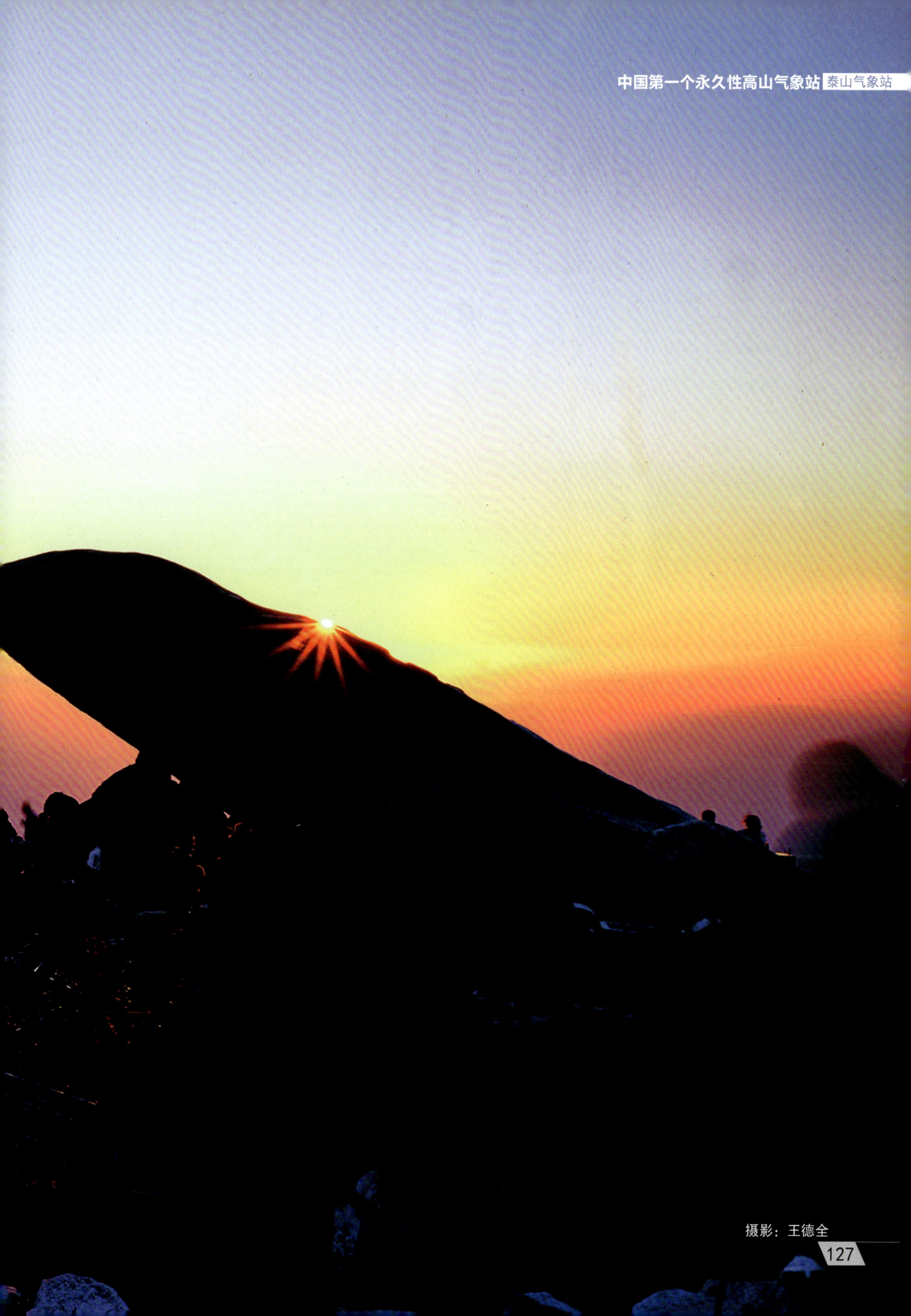

摄影：王德全

泰山四大奇观 «««««
FOUR WONDERS OF MOUNT TAISHAN

云海玉盘

雨雪过后，天气初晴，大量水汽蒸发蒸腾，加之吹来的暖湿空气，成云致雾。有时大片云在山腰形成一条长带子，如官服玉带，而山上山下皆晴；有时则乌云滚滚，大有倒海翻江之势，轻拢漫涌，铺排相接，好像大海波涛翻滚。

泰山云海多出现在夏秋季节。其出现的有利气象条件有三类：第一，冷空气路径偏北。500百帕及以上环流较平，山东半岛持续刮偏东风，黄海和渤海海面的暖湿空气到达泰山附近，地形抬升作用使水汽凝结为大面积低云。这种云云顶较低，厚度不大。当云顶低于1500米时，站在泰山极顶观看，只见低云与四周地平线相接，像一个巨大的盘子，此时"云海玉盘"奇观尽收眼底。第二，强烈的辐射降温。夏季，如果白天有较强的雷阵雨，雨过天晴，夜间晴朗无风，由于地面强烈辐射降温使近地面层湿空气凝结生成大雾，在早晨的阳光照射下，大雾受热抬升变成飘移的低云，这时在泰山顶上会看到茫茫云海。第三，低层存在逆温层。秋冬季节，当山东处于高压后部，大气层结稳定，湿空气回流至鲁中经夜间辐射冷却形成逆温层，出现较低的层积云，其云层顶部一般低于山顶。此时站在山顶极目环视，便可看到一望无际浩瀚的云海。

泰山四大奇观 «««««

FOUR WONDERS OF MOUNT TAISHAN

黄河金带

　　夕阳西下时，在泰山的西北边，层层峰峦的尽头，可看到黄河似一条金色的飘带闪闪发光；或是河水反射到天空、造成蜃景，均叫"黄河金带"。大雨之后，尘埃绝少，或风和日丽、天高云淡的季节出现的概率较大。

　　"黄河金带"是泰山奇观中较少观赏到的佳景，观赏季节应以秋季为宜。它受到泰山与黄河的地理位置、太阳方位角和天气条件的共同制约。天气和空气质量是能否见到黄河金带的决定因素，只有雨过天晴或冷空气过后的第二天，天气晴朗、空气清洁，能见度极好，才是出现黄河金带的时机，观看时间应在下午或傍晚。

摄影：王德全

泰山四大奇观 <<<<<<
FOUR WONDERS OF MOUNT TAISHAN

晚霞夕照

　　傍晚时分，在山顶极目西望，朵朵残云如峰似峦，一道道金光穿云破雾，直泻人间。在夕阳的映照下，云朵之上均镶嵌着一层金灿灿的亮边，闪烁着奇珍异宝般的光辉。雨过天晴、云雾缭绕时更加壮观。

　　霞的形成是由于空气散射作用形成的。在日落前后，阳光通过大气层被大量的空气分子和粒子散射，太阳高度角接近0度时太阳辐射经过的大气层厚度为中午时的35倍。由于阳光被大量空气分子所散射，紫色和蓝色的光减弱最多，到达地平线上空时剩下就很少了，剩下的是波长较长的黄、橙、红色光，此时天空看起来就带上了绚丽的色彩。如果有云，云块也会染上橙红艳丽的颜色。

　　泰山晚霞的出现与季节、气象条件关系密切。秋季天高气爽，风和日丽，阴雨日数少，最易出现晚霞。大雨过后，残云萦绕，新霁无尘，可以极目四野，饱览群山，是领略晚霞的最佳时段。

泰山日出时刻表

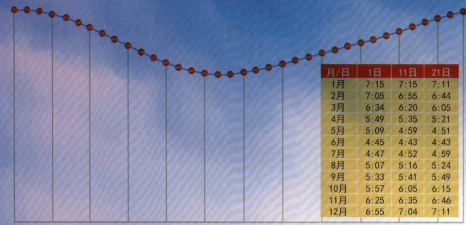

月/日	1日	11日	21日
1月	7:15	7:15	7:11
2月	7:05	6:55	6:44
3月	6:34	6:20	6:05
4月	5:49	5:35	5:21
5月	5:09	4:59	4:51
6月	4:45	4:43	4:43
7月	4:47	4:52	4:59
8月	5:07	5:16	5:24
9月	5:33	5:41	5:49
10月	5:57	6:05	6:15
11月	6:25	6:35	6:46
12月	6:55	7:04	7:11

泰山日落时刻表

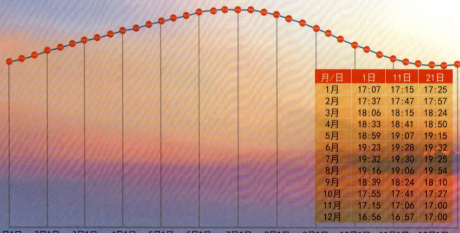

月/日	1日	11日	21日
1月	17:07	17:15	17:25
2月	17:37	17:47	17:57
3月	18:06	18:15	18:24
4月	18:33	18:41	18:50
5月	18:59	19:07	19:15
6月	19:23	19:28	19:32
7月	19:32	19:30	19:25
8月	19:16	19:06	19:54
9月	18:39	18:24	18:10
10月	17:55	17:41	17:27
11月	17:15	17:06	17:00
12月	16:56	16:57	17:00

摄影：曲业芝

摄影：曲业芝

泰山气象景观 〈〈〈〈〈〈
METEOROLOGICAL LANDSCAPE OF MOUNT TAISHAN

摄影：陈善炳

泰山过山云

当暖湿空气被缓缓不断地吹送到泰山周围，遇冷后凝结为大面积低云层，若云顶低于1500米，站在岱顶便可看到云海奇观。当云海与山风同时出现，还会形成漫过山峰的"爬山云"和顺坡奔流直泻的"云瀑布"奇观。

摄影：曲业芝

泰山雾凇

泰山冬季气温常在−15℃左右，当潮湿气流缓行过山，抬升冷却成雾，雾中水汽或过冷却雾滴触及树枝、牌坊、岩石时直接凝华或冻结为冰粒或冰晶，便形成雾凇，十分壮观，是泰山冬半年的壮丽景观之一，有时能持续数天。

摄影：孟宪弟

泰山瑞雪

　　泰山冬季降雪较山下偏多，雪后的泰山银装素裹，蔚为壮观。如果有雾凇相伴，更是风景如画。泰山的初雪一般出现在11月上旬，终雪在4月中旬，年平均降雪日为34天，最大雪深为39厘米。

摄影：孟宪弟

泰山宝光

　　泰山半晴半雾的时候，站在较高的山头上顺光而视，可能看到缥缈的雾幕上，呈现出一个内蓝外红的彩色光环，将整个人影或头影映在里面，恰似佛像头上五彩斑斓的光环，故得名"佛光"或"宝光"。

泰山气象站历任主要负责人（1953年09月—2022年10月31日）
SUCCESSIVE PRINCIPAL OF TAISHAN METEOROLOGICAL STATION
(SEPTEMBER 1953 – OCTOBER 31, 2022)
（注：不完全统计）

顾永槐
任职时间：1953.09—1958.07

韩继振
任职时间：1962.09—1967.01

侯振西
任职时间：1979.03—1984.03

李杏彬
任职时间：1984.03—1985.08

石振海
任职时间：1985.08—1989.09

吴乃元
任职时间：1989.09—1990.04

刘维银
任职时间：1990.05—1996.11

徐德力
任职时间：1996.11—2002.01
2015.10—2016.03

贾汉奎
任职时间：2002.01—2006.06

袁建昱
任职时间：2006.06—2007.07

王德众
任职时间：2007.08—2015.10

国兆新
任职时间：2016.03—

泰山气象站工作人员名录（1932年8月1日—2022年10月31日）

（注：不完全统计）

序号	姓名	在泰山工作时间	由何处调来	调往何处
1	赵恕（赵树声）	1932.07.09—1933.10.12		
2	罗月全（罗素人）	1932.07.09—1934.05.10		
3	金加棣	1933.09—1935		
4	范惠成	1934秋		
5	殷来朝	1935.01.17—1935.06.30		
6	陈学溶	1935.04.07—1937.04.07		
7	杨鉴初	1936.02—1937.02		
8	周桂林	1936夏—1936秋		
9	程纯枢	1936.10—1937.12.28		
10	朱岗崑	1937.02—1937.08		
11	王履新	1937.05—1937.12.28		
12	顾永槐	1953.09—1958.07	华东军区丹阳气象干校（区队长）	泰安专区气象台（副台长）
13	蒋学广			备注：副排
14	侯理			备注：正班
15	胥福年			备注：战士、公务员
16	杨玉栋	据《泰山气象站站台档案》1953		备注：摇机员、正班
17	王贻柱	年11月18日记录		备注：摇机员、战士
18	王德富			备注：摇机员、战士
19	靳金制			备注：炊事员
20	侯继周			备注：摇机员
21	张水			
22	张益华	1953.08—1956.02	华东军区南京气象台	中央气象局检查员训练班
23	王蔚东	1953.10.01—1953.12.01		山东省气象局
24	曹继亭	1953.12.01—1954.12.01		
25	申如居	1953.12—1954.10	华东军区气象处	山东省气象局
26	王职光	1953.12—1954.04	山东省军区气象科	山东省气象局
		1989.09—1990.04	泰安市气象局	泰安市气象局
27	周万镒	1954.06.01—1957.08.31		
28	罗增华	1954.09.01—1956.05.31		
29	邹贤斌	1954.09—1957.03	羊角沟气象站	成都气象学校
30	刘振华	1954.12.01—1959.05.31		
31	黄珊珊（女）	1956.06—1958.12	烟台气象台	泰安专区气象台
32	张天恩（女）	1956.11—1958.12	山东省气象局干训班	泰安新泰县气象站
33	刘桂英（女）	1956.11—1958.07	山东省气象局干训班	昌潍气象台
34	胡根起	1956.11—1957.03	山东省气象局干训班	禹城气候站
35	张世泰	1957.05.01—1962.05.31	潍县气象站（坊子）	泰安专区气象服务台
36	李有良	1958.12—1961.03	泰安专区气象台	泰安专区气象台
37	曲日振	1958.10—1963.06	新泰县气象站	东平县气象站
38	颜承琚	1960—1961	泰安气象站	后省庄
39	陈桂瑛（女）	1962.04—1962.08		济南千佛山医院
40	张灿明	1959.06—1961.02		
41	张瑞平	1962.06.01—1964.06	泰安专区气象服务台	返乡
42	田洪泽	1961.09—1962.10	泰安专区气象服务台	泰安专区气象服务台
43	李良盛	1962.01—1962.09		
44	时维金	1962.01—1962.09		
45	梁英慧	1962.09.17—1964.08.28		宁阳县气象站
46	卢希福	1962.08.01—1964.06	山东省气象局	章丘气候站
47	王运泰	1962.09.15—1966.10.05	北京气象学校	泰安专区气象台
48	韩继振	1962.09.17—1967.01	泰安专属农业局	泰安专区气象服务台
49	侯振西	1963.08.24—1984.03	济南农校	泰安地区气象局
50	刘维银	1963.08.24—1965.02	济南农校	泰安专区气象服务台
		1966.01—1984.01	泰安专区气象服务台	泰安地区气象局办公室
		1989.12.13—1996.12	泰安市气象局	退休到泰安市气象局
51	王渝涛	1963.08.24—1966.03.10	济南农校	山东省气象局
52	邓门金	1964.09.05—1976.08	湛江气象学校	广东江门新会气象局
53	李杏彬	1964.09.05—1977.02	湛江气象学校	泰安地区革委气象局
		1982.04.06—1985.08.06	泰安地区气象局	泰安市气象局
54	罗煜	1966.05.15—1972.02.15	山东省气象台	泰安地区地震台
55	王超群	1966.03—1970.08	泰安专区气象服务台	泰安地区气象台
56	马墨池	1968.07.23—1973.04.15	北京气象学校	河北省怀来气象站
57	章祖湧	1972.04.11—1977.10.20	济南军区后勤农场	浙江绍兴气象台
58	李振吉	1973.02.21—1979.03	泰安地区气象台	章丘气象站
59	徐祥福	1973.02.21—1979.03	泰安地区气象台	莱芜县计划委员会

泰山气象站工作人员名录（1932年8月1日—2022年10月31日）

（注：不完全统计）

序号	姓名	在泰山工作时间	由何处调来	调往何处
60	顾向耀	1973.02—1973.08	山东省气象局	山东省气象局
61	张志宏	1973.03.27—1973.05	山东省气象局	山东省气象局
62	张永德	1975.03.31—1977.02.05	烟台气象局	烟台市气象局
63	杨明利	1975.02—1977.02	山东省气象局	山东省气象局
64	王剑波	1975.03.15—1977.02.05	惠民气象局	惠民气象局
65	张风清	1975.07.06—1977.02.05	昌潍地区气象局	昌潍气象局
66	李永运	1975.08.28—1979.01	山东大学	章丘
67	杨新力	1976.04.01—1977.02.05	济南地区气象台	济南市气象局
68	赵锡海	1976.12.23—1984.09.04	下港公社	新泰县气象局
69	袁荣泉	1976.12.23—1978.01.30	下港公社	泰安地区革委会气象局
70	邢建忠	1976.12.23—1980.02.17	下港公社	泰安地区气象局
71	李培河	1976.12.23—1987.09.01	下港公社	泰安农业气象试验站
72	姚圣贤	1976.12.23—1981.04.17	下港公社	泰安地区气象局
73	赵刚毅	1976.12.23—1977.03.15	麻塔公社	泰安地区革委会气象局
74	玄绪峰	1976.12.23—1986.03.15	麻塔公社	泰安市气象局
75	焦安庆	1976.12.23—1982.05.17	麻塔公社	泰安地区气象局
76	李 健	1976.12.23—1977.03.15	麻塔公社	泰安地区革委会气象局
77	耿大伟	1976.12.23—1985.04.10	麻塔公社	泰安农业气象试验站
78	赵 钢	1976.12.23—1977.03.15	满庄公社	泰安地区革委会气象局
79	张守运	1977.02—2002.12	部队转业	退休到泰安市气象局
80	张健骐	1978.02.01—1989.01	泰山公社	泰安市气象局
81	闫海涛	1978.02.01—1978.07	泰山公社	泰安地区气象局
		1986.07.23—1887.07	泰安市气象局	泰安农业气象试验站
82	王传光	1978.02.01—1978.07	泰山公社	泰安地区气象局
83	杨 敏	1978.02.01—1984.09.11	泰山公社	泰安市气象局
84	赵振东	1980.12.15—1988.12	成都气象学校	泰安市气象局
		1991.04.01—2009.01	泰安市气象局	泰安市气象局
85	王松山	1981.05.04—1982.06.03	泰安地区气象局	平阴县气象站
86	王德众	1981.07.05—1996.12	泰安地区气象局	泰安农业气象试验站
		2002.02.18—2015.10.14	泰安农业气象试验站	泰安市气象局
87	高继才	1981.07.28—2021.10	泰安地区气象局	退休到泰安市气象局
88	李振清	1981.07.28—1990.01	泰安地区气象局	泰安市气象局
89	王太生	1983.01.20—1990.10	泰安地区气象局	泰安农业气象试验站
90	靳惠刚	1983.01.20—1989.03.01	泰安地区气象局	泰安农业气象试验站
91	王 鹏	1983.01.20—1986.04.30	泰安地区气象局	泰安农业气象试验站
92	赵 锋	1983.08.03—1991.02	平阴县气象站	国家气象局
93	许传凯	1984.07.12—1988.11	南昌气象学校	日照市气象局
94	于成献	1984.07.12—1996.03	南昌气象学校	泰安市气象局
95	秦 江	1984.08.16—1989.06	成都气象学院	潍坊市气象局
96	吴继华	1984.08.18—1988.04	湛江气象学校	湖北襄樊气象局
97	韩 军	1984.08.30—1991.05	成都气象学院	菏泽市环保局
98	袁建昱	1985.04.10—1992.01	肥城气象站	泰安市气象局
		2006.06.15—2007.06	泰安市气象局	泰安市气象局
99	魏传雨	1984.04.10—	肥城气象站	
100	徐学义	1985.08.03—1992.01	山东省气象学校	泰安市气象局
101	王承军	1985.08.5—1989.12	南昌气象学校	莱芜气象局
102	卢西旺	1985.8.10—1986.12.10	南昌气象学校	宁阳县气象局
103	石振海	1985.09.03—1989.01	泰安农业气象试验站	泰安市气象局
104	姚广庆	1986.08.15—1992.01	南京气象学院	泰安市气象局
105	许 鲁	1987.07—1990.03	山东省气象学校	泰安市气象局
106	刁秀广	1987.07—1991.04	南京大学	山东省气象局
107	杨宗波	1988.01.30—1992.01	泰安农业气象试验站	泰安市气象局
108	吕秀元	1988.08.08—1990.12	湛江气象学校	枣庄市气象局
109	邵士河	1988.01—	东平县气象局	
110	吴乃元	1989.09—1990.04	泰安农业气象试验站	泰安农业气象试验站
111	梁红新	1989.08—1994.06	湛江气象学校	威海荣成气象局
112	陈善炳	1989.12.20—2018.05	济南平阴县气象局	泰安市气象局
113	边丰勤	1990.03.3—1997.04	烟台栖霞气象局	莱芜市气象局
114	张朝昌	1990.07.12—1994.11	南昌气象学校	菏泽定陶气象局
115	陈增军	1990.07.04—1993.08	南昌气象学校	泰安市气象局

泰山气象站工作人员名录（1932年8月1日—2022年10月31日）

（注：不完全统计）

序号	姓名	在泰山工作时间	由何处调来	调往何处
116	申培鲁	1990.07—1993.09	南京气象学院	临沂市气象局
117	徐德力	1990.08—1993.02.14	湛江气象学校	泰安市气象局
		1996.11.01—2002.02	泰安市气象局	泰安农业气象试验站
		2015.10.16—2016.03.04	泰安市气象局	泰安市气象局
118	刘朝晖	1990.08—1993.08	成都气象学院	山东省气象局
119	董明亮	1991.07.22—1994.08	成都气象学院	烟台民航局
120	李 冰	1991.07.30—1995.11.06	湛江气象学校	枣庄台儿庄气象局
121	丁善文	1991.07.30—2006.06	湛江气象学校	泰安市气象局
122	卢振礼	1991.08—1994.11	南京气象学院	日照市气象局
123	王洪明	1992.07.12—2006.08	湛江气象学校	泰安农业气象试验站
		2021.03.11—	泰安农业气象试验站	
124	段士军	1992.08—1997.11	成都气象学院	北京敏视达雷达公司
125	金伟福	1992.09—1993.05	东营市气象局	东营市气象局（备注：毕业首年东营市气象局派遣到泰山气象站学习雷达业务）
126	赵 勇	1993.07.07—	湛江气象学校	备注：2016.11—2018.02 参加中国第33次南极科学考察，为中山队成员
127	韩代家	1993.08.28—2002.12	泰安市气象局	退休到泰安市气象局
128	叶祥林	1994.07.29—1998.01	兰州气象学校	费县气象局
129	曲永苋	1994.07.29—1998.01	湛江气象学校	牟平气象局
130	贾汉奎	1995.03.30—2006.01	济南平阴县气象局	泰安市气象局
131	刘景德	1995.07.03—1999.12.11	南昌气象学校	淄博临淄气象局
132	边智	1995.07.10—2008.11	兰州气象学校	泰安市气象局
		2021.05.10—	泰安市气象局	备注：2021.11—2022.6支援南沙气象观测
133	房岩松	1995.07.10—1996.08.30	南京气象学院	山东省气象局
134	邹 斌	1997.06.12—2001.12	兰州气象学校	烟台龙口气象局
135	陈传振	1997.06.12—2001.12	兰州气象学校	莱芜市气象局
136	杨正民	2004.09.01—2007.08.01	部队转业	泰安市气象局
		2021.03.11—	泰安市气象局	
137	卞勋建	2005.03.01—2007.04	淄博沂源县气象局	淄博沂源县气象局
138	刘 威	2005.03.01—2007.04	枣庄市气象局	枣庄市气象局
139	林杰星	2007.03.07—2009.04	东营河口区气象局	东营河口区气象局
140	李 洪	2007.03.07—2009.04	潍坊青州气象局	潍坊青州气象局
141	刘恒德	2007.04.07—	泰安农业气象试验站	
142	许长山	2007.07.25—2008.11	中国海洋大学	泰安市气象局（备注：2008年11月因雷达业务调整调入泰安市气象台工作，编制仍在泰山气象站）
143	毕于健	2008.12.01—	部队转业	
144	崔东增	2009.03.23—2011.04	德州陵县气象局	济宁嘉祥气象局
145	贾栋祥	2009.03.23—2011.04	济宁曲阜气象局	济宁曲阜气象局
146	栾永卫	2011.03.29—2013.04	临沂蒙阴县气象局	临沂蒙阴县气象局
147	臧海光	2011.03.29—2013.08	潍坊惠民县气象局	潍坊市气象局
148	孔刘备	2013.03.25—2015.03	菏泽鄄城气象局	菏泽市气象局
149	郗 晨	2013.03.25—2015.03	聊城冠县气象局	聊城市气象局
150	丁 明	2013.07.05—2015.02.20	沈阳农业大学	泰安农业气象试验站
151	尹祥坤	2014.07.01—	浙江舟山普陀山机场有限公司	
152	国兆新	2015.03.25—	泰安市气象局	
153	吴 迪	2015.03.25—	泰安市气象局	
154	刘 晨	2015.04—2017.04.05	日照市气象局	日照市气象局
155	边 洋	2015.04—2017.03.27	莱芜市气象局	莱芜市气象局
156	刘子璐	2018.01.01—	东平气象局	
157	张建成	2021.01.11—2022.04.15	肥城市气象局	泰安农业气象试验站
158	史俊南	2021.07.20—2022.04.15	南京信息工程大学	泰安农业气象试验站

摄影：孙健

后记
POSTSCRIPT

为庆祝泰山气象站建站90周年暨泰山国家基准气候站综合改善工程和气象文化建设项目竣工，泰安市气象局组织编印了本画册。画册按照泰山气象站的发展历史，以时为经、以事为纬，展现了泰山气象站各个历史时期的工作生活情况和泰山壮美的风景以及气象景观等。

泰安市气象局历来十分重视泰山气象站历史资料的收集整理工作，特别是1993年，为筹备泰山气象站建站庆祝活动，专门委派陈建昌同志负责泰山气象站历史资料的收集整理工作。陈建昌同志发出300多封征集站史资料的信函，联系上了陈学溶、赵恕、殷来朝等20世纪30年代在泰山工作过的前辈，收回数百封回信及大量历史材料，为本画册的编印奠定了基础。侯振西等曾经在泰山气象站工作过的一百多位干部职工真诚关注站史资料征集工作，无私地提供了大量历史资料，为本画册的编印做出了重要贡献。

本画册在《风云前哨第一站——中国第一个永久性高山气象站泰山气象站建站80周年》画册基础上编印，相比该画册新增了不少新发现的资料，如20世纪30年代在无字碑顶部进行气象观测的老照片，泰山测候所建站负责人黄逢昌在泰山云步桥的照片；增补了近30位曾经在泰山工作过的职工名单；增加了竺可桢日记中关于泰山测候事业记述的摘录；新增了部分职工在泰山工作的照片及回忆录等。

泰安市气象局高度重视画册的编辑工作，组织有关同志加班加点、精心编排，经数次修改，得以正式完成。在此，向关心、支持泰山气象事业发展以及提供历史资料的所有同志表示衷心的感谢！

本画册照片除注明作者之外的，主要来源于泰安市气象局多年来征集到的历史资料，部分来源于网络。如需授权，请联系泰安市气象局办公室，电话：0538—8516426。

由于水平有限和时间仓促，错漏之处，敬请提出宝贵意见。

编　者

2022年11月

摄影：王立山